Packt>

计|算|机|编|程|实|践|丛|书

Python

数据结构和算法实战

Hands-On Data Structures and Algorithms with Python

（第2版）

[印] 巴桑特·阿加瓦尔
Dr. Basant Agarwal

著

[印] 本杰明·巴卡
Benjamin Baka

陆永耕　译

中国水利水电出版社
www.waterpub.com.cn
·北京·

U0176479

内 容 简 介

数据结构与算法是数据处理与编程中的两个核心问题，《Python数据结构和算法实战（第2版）》就以动手实践的形式介绍了基本的 Python 数据结构、算法基础、算法设计、编程实现等相关内容。

《Python数据结构和算法实战（第2版）》共14章，涵盖Python编程基础、Python数据类型、算法设计、链表、栈和队列、树、哈希表、图算法、搜索算法、排序算法、算法选择、字符串算法和模式匹配算法、分类算法、数据预处理、机器学习算法和数据可视化等。全书实用性和可操作性较强，学完本书，读者将深入了解所有重要数据结构和相关算法的 Python 实现方法。

《Python数据结构和算法实战（第2版）》旨在提供数据结构与算法的深入知识和Python编程实现经验，适用于计算机相关专业学生学习Python数据结构与算法知识，想提高编程能力的开发人员也可参考学习。

图书在版编目（CIP）数据

Python 数据结构和算法实战：第 2 版 /（印）巴桑特·阿加瓦尔，（印）本杰明·巴卡著；陆永耕译 . -- 北京：中国水利水电出版社，2022.3

书名原文：Hands-On Data Structures and Algorithms with Python-Second Edition

ISBN 978-7-5226-0059-8

Ⅰ . ① P… Ⅱ . ①巴… ②本… ③陆… Ⅲ . ①软件工具 – 程序设计 Ⅳ . ① TP311.561

中国版本图书馆 CIP 数据核字 (2021) 第 210256 号

北京市版权局著作权合同登记号：01-2020-0265

书　　名	Python 数据结构和算法实战（第 2 版） Python SHUJU JIEGOU HE SUANFA SHIZHAN (DI 2 BAN)	
作　　者	【印】巴桑特·阿加瓦尔　　【印】本杰明·巴卡　著	
译　　者	陆永耕　译	
出版发行	中国水利水电出版社 （北京市海淀区玉渊潭南路 1 号 D 座 100038） 网址：www.waterpub.com.cn E-mail：zhiboshangshu@163.com 电话：（010）62572966-2205/2266/2201（营销中心）	
经　　售	北京科水图书销售中心（零售） 电话：（010）88383994、63202643、68545874 全国各地新华书店和相关出版物销售网点	
排　　版	北京智博尚书文化传媒有限公司	
印　　刷	河北鲁汇荣彩印刷有限公司	
规　　格	190mm×235mm　16 开本　17.5 印张　435 千字	
版　　次	2022 年 3 月第 1 版　2022 年 3 月第 1 次印刷	
印　　数	0001—3000 册	
定　　价	89.80 元	

谨以此书献给我的父母、妻子和孩子 Charvi、Kaavy。

——巴象特·阿加瓦尔 博士

贡献者

关于作者

巴桑特·阿加瓦尔（Basant Agarwal）博士是印度 Swami Keshvanand 技术管理学院（SKIT）和 Gramothan 的副教授。他在印度斋浦尔的马拉维亚国立理工学院（MNIT）获得了理工硕士和博士学位，在学术和研究方面有 8 年以上的经验。他曾获得 ERCIM（欧洲信息学和数学研究联盟）Alain Bensoussan 研究员计划的博士后奖学金，还曾在新加坡国立大学淡马锡实验室（Temasek Laboratories）工作。他在施普林格丛书《社会情感计算》（*Springer Book Series*: *Socio-Affective Computing*）系列中撰写了一本关于情感分析的书，并在 50 多个著名会议和期刊上发表。他的主要研究方向为自然语言处理、机器学习和深度学习。

本杰明·巴卡（Benjamin Baka）是一名软件开发人员，他认为自己是语言不可知论者，因此寻求工具集能够帮助他实现优雅的解决方案，其中值得注意的有 C、Java、Python 和 Ruby。由于他对算法有着极大的兴趣，因此他总是试图借鉴 Knuth 博士的语言来编写代码，既简单又优雅。他目前在 mPedigree 网络公司工作。

关于审稿人

大卫·朱利安（David Julian）写了两本书《Designing Machine Learning Systems with Python》和《Deep Learning with Pytorch Quickstart Guide》，都由 Packt 出版。他曾在城市生态系统有限公司（Urban Ecological Systems Pty Ltd）负责一个项目，该项目利用机器学习技术检测温室环境中的昆虫爆发。他目前担任多个私人和非政府组织的技术顾问和信息技术培训师。

约根德拉·夏尔马（Yogendra Sharma）是一名具有架构、设计和可扩展和分布式应用程序开发经验的开发人员，他的主要兴趣是微服务和 Spring。他目前在浦那的综合工程服务公司（Intelizign Engineering Services）担任物联网和云架构师。他还拥有 AWS 云、物联网、Python、J2SE、J2EE、NodeJS、Angular、MongoDB 和 Docker 等技术方面的实践经验。他不断探索技术上的新奇之处，对新技术、新框架有着开放的心态和求知欲。

致 谢

如果没有许多人的帮助，这本书是不可能完成的。在此，我谨向他们表达我诚挚的感激之情。首先，感谢 Packt 出版团队的大力支持。我非常感谢这本书的编辑 Tiksha Sarang，在写作过程中，他的支持是不可替代的。我想向这本书的策划编辑 Denim Pinto 表示诚挚的感谢，是他给了我编写这本书的机会。我还要感谢本杰明·巴卡（Benjamin Baka）在本书第一版中所做的工作。

特别感谢这本书的编辑和技术审稿人，他们完成了大量的审查过程。我想对所有审稿人提出的建设性意见表示感谢，感谢 Mehul Singh 作为一名技术审稿人所做的出色努力，也想对所有参与本书编辑、校对和制作的人员表示感谢。

我非常感谢 Swami Keshvanand 理工学院为我提供了一个极好的工作环境和他们的友好合作，也要向 SKIT 主任（学术）S. L. Surana 教授表示衷心的感谢，感谢他一直以来给予我的支持和鼓励。特别感谢计算机科学与工程系主任 C. M. Choudhary 教授，感谢他的帮助、建议、支持和鼓励。还要特别感谢我所有的好朋友和同事，他们帮助我消除了很多小错误，并校对了这本书。另外，我还要感谢 Dr.Mukesh Gupta、Dr. S.R. Dogiwal 和 Gaurav Arora 的帮助。

最后，我再次衷心感谢我的家人和朋友，他们在本书创作过程中给予我无尽的鼓励和支持，并一直激励我更努力地写作。对于本书中可能存在的不足之处，责任在我，欢迎批评指正。

前　言

　　数据结构与算法是信息技术和计算机科学工程研究中最重要的两个核心课题。本书旨在提供数据结构与算法的深入知识，以及编程实现经验，适用于初、中级阶段使用 Python 学习数据结构的本科生和研究生，通过示例帮助大家理解复杂的算法。

　　在本书中，读者将学习基本的 Python 数据结构和最常见的算法。本书讲解了 Python 的基本知识，并通过 Python 让读者深入了解数据算法。其中我们提供了 Python 实现，并解释了它们与大部分重要且流行的数据结构算法之间的关系。我们研究了为数据分析中最常见的问题提供解决方案的算法，包括数据搜索和排序，以及如何从数据中提取重要的统计信息。通过这本易于阅读的书，读者将学习如何创建复杂的数据结构，如链表、堆栈、堆和队列，将学习排序算法，如冒泡排序、插入排序、堆排序和快速排序。本书还描述了各种选择算法，如随机选择和确定性选择，还对各种数据结构算法和设计范式进行了详细分析，如贪心算法、分治算法和动态规划，以及如何在应用程序中使用它们。此外，对于树和图等复杂的数据结构，使用简单的图形示例进行了解释，以探索这些有用的数据结构的概念。在本书中，读者还将学习各种重要的字符串处理和模式匹配算法，如 KMP 和 Boyer-Moore 算法，以及它们在 Python 中的简单实现。另外，在实际项目开发中常用的技术和结构，如预处理、建模和转换数据等，本书也有所涉猎。

　　数据结构与算法的重要性不言而喻。这是一个重要的仓库，开发者可以随时使用，为新的问题找到优雅的解决方案。通过加深对算法和数据结构的理解，你可能会发现它们在许多方面的用途超出了最初的预期，在实际编程中你将会对所编写的代码以及存储容量进行考虑。Python 为许多专业人士和学生打开了欣赏编程的大门，这种语言使用起来很有趣，对问题的描述也很简洁。我们利用该语言的大众吸引力来学习被广泛研究和标准化的数据结构与算法。本书以简明的 Python 编程语言之旅开始，因此，在阅读这本书之前并不要求读者了解 Python。

本书是写给谁的

　　这本书是为开发人员提供有关 Python 数据结构与算法的初级或中级课程；这本书也是为那些参加或已经参加过数据结构与算法课程的工程本科和研究生设计的，因为它涵盖了几乎所有的算法、概念和设计。因此，本书也可以作为数据结构与算法课程的教材。对于想要使用特定的数据结构设计各种应用程序的普通软件开发人员来说，这本书也是一个有用的工具，因为它提供了存储相关数据的有效方法，也提供了一个实用且直接的方法来学习复杂的算法。

如果你有一定的 Python 编程基础，将会更好地学习本书，但是这不是必须的，因为本书提供了 Python 及其面向对象概念的快速概述。不需要事先有任何计算机相关的概念知识，因为所有的概念和算法在本书都有足够详细的解释，并有大量的例子和图表展示。大多数概念都是在日常场景下解释的，使概念和算法更容易理解。

本书各章内容简介

第 1 章 Python 对象、类型和表达式。将介绍 Python 的基本数据类型和对象，对 Python 的语言特性、执行环境和编程风格进行整体概述，并对常见的编程技术和语言功能进行了简单回顾。

第 2 章 Python 数据类型和结构。解释 Python 的各种内置数据类型，另外还介绍了五种数值数据类型和五种序列数据类型，以及一种映射类型和两种集合类型，并实验验证了适用于每种类型的操作和表达式，同时还提供了许多典型示例。

第 3 章 算法设计原则。涵盖各种重要的数据结构设计范例，如贪心算法、动态规划、分治法、递归和回溯。通常，我们创建的数据结构需要符合一些原则，如健壮性、适应性、可重用性，以及将结构与功能分离等。另外，本章将研究迭代的作用，并介绍递归数据结构。最后还讨论了各种大 O 符号和复杂度类。

第 4 章 列表和指针结构。包括链表，这是最常见的数据结构之一，通常用于实现其他结构，如栈（堆栈）和队列。介绍它们的相关操作和具体实现，并讨论了它们与数组的性能和各自的优缺点。

第 5 章 栈和队列。讨论了这些线性数据结构的作用，并演示了一些实现，给出了典型应用示例。

第 6 章 树。了解如何实现二叉树，树是许多重要的高级数据结构的基础。我们将研究如何遍历树、搜索和插入操作，讨论二叉搜索树和三叉搜索树，创建堆之类的结构。

第 7 章 哈希表和符号表。描述了符号表，给出了一些典型实现，并讨论了各种应用。研究了哈希的过程及哈希表的实现，并讨论了相关设计的注意事项。

第 8 章 图和其他算法。研究一些更专业的结构，包括图和空间结构。将数据表示为一组节点和顶点，在许多应用程序中都很方便，因此，可以创建包括有向图和无向图在内的结构。另外，还介绍了一些其他结构和概念，如优先级队列、堆算法和选择算法。

第 9 章 搜索。讨论了最常见的搜索算法，如二叉树搜索算法和插值搜索算法，并举例说明了它们在各种数据结构中的应用。搜索数据结构是一项关键操作，有许多不同的方法。

第 10 章 排序。学习最常见的排序方法，这些方法包括冒泡排序、插入排序、选择排序、快速排序和堆排序算法。本章详细解释了每种算法，以及它们的 Python 实现。

第 11 章 算法选择。介绍查找统计信息的算法，如列表中的最小值、最大值或中位数元素。另外，还讨论了通过排序来定位列表中特定元素的各种算法选择，以及随机和确定性选择算法。

　　第 12 章 字符串算法和技术。涵盖了与字符串相关的基本概念和定义，详细讨论了各种字符串和模式匹配算法，如贪心算法、Knuth–Morris–Pratt（KMP）算法和 Boyer–Moore 模式匹配算法。

　　第 13 章 设计技巧和策略。本章将介绍当我们试图解决一个新问题时，如何为类似问题寻找解决方案。如何对算法进行分类以及它们最适宜解决的问题类型，是算法设计的一个关键因素。我们可以用许多方法对算法进行分类，但最有用的是实现方法或设计方法。本章解释了许多重要应用程序的各种算法设计范例，如归并排序、Dijkstra 最短路径算法和硬币兑换问题。

　　第 14 章 算法实现、应用程序和工具。讨论了各种实际应用程序，包括数据分析、机器学习、预测和可视化。此外，还有一些库和工具有助于算法的工作更流畅、高效。

充分利用这本书

　　（1）本书中的代码要求读者在 Python 3.7 或更高版本上运行。
　　（2）Python 交互环境也可以运行代码片段。
　　（3）建议读者通过执行提供的代码来学习算法和概念，这些代码可以帮助你更好地理解算法。
　　（4）本书的目的是让读者实际动手操作，积累 Python 数据结构和算法的编程实践经验，因此建议你对所有的算法进行编程实现，以便最大程度地利用这本书。

本书配套资源下载

　　本书配套资源包括示例代码文件和彩色图片文件，读者可使用手机微信扫一扫功能扫描下面的二维码，或者在微信公众号中搜索"人人都是程序猿"，关注后输入 Py0059，即可获取本书代码包和图片资源链接，根据提示下载即可。

　　本书的代码包也托管在 GitHub 上，网址为 https://github.com/PacktPublishing/Hands-On-Data-Structures-and-Algorithms-with-Python-Second-Edition。如果代码有更新，它将更新到现有的 GitHub 存储库。

使用约定

　　本书中有许多关于文本的约定。
　　CodeInText：表示文本中的代码字、数据库表名、文件夹名、文件名、文件扩展名、路径名、虚拟 URL、用户输入和 Twitter 句柄。例如，实例化 CountVectorizer 类并传递 training_data.data 给计数向量对象的拟合变换方法。

一个代码块设置如下：

```
class Node:
    def __init__(self, data=None):
        self.data = data
        self.next = None
```

当需要读者注意代码块的特定部分时，相关的行或项目将以粗体显示，如下所示：

```
def dequeue(self):
    if not self.outbound_stack:
        while self.inbound_stack:
            self.outbound_stack.append(self.inbound_stack.pop())
    return self.outbound_stack.pop()
```

任何命令行输入或输出都是这样写的：

```
   0      1        2
0  4.0   45.0    984.0
1  0.1    0.1      5.0
2 94.0   23.0     55.0
```

 警告或重要的提示事项用该图标表示。

 一般提示和技巧用该图标表示。

保持联系

有关本书的反馈，你可发送电子邮件至 zhiboshangshu@163.com 并在邮件主题中注明本书书名。

你也可加入读者交流群 762769072，与其他读者一起学习交流。

目　录

XII ||| Python数据结构和算法实战（第2版）

第1章 Python对象、类型与表达式

数据结构与算法是大型复杂软件项目的两个核心元素。它们是在软件中存储和组织数据的一种系统方式，以便能有效地使用数据。Python 是具有高级数据结构的高效的面向对象的编程语言。Python 是许多高级数据任务的首选语言，因为它是最容易学习的高级编程语言之一。直观的结构和语义，对于那些不是计算机科学家，而是生物学家、统计学家或初创公司的人来说，Python 是执行各种数据任务的一种直接方式。它不仅是一种脚本语言，也是一种功能齐全、面向对象的编程语言。

Python 语言中内置了许多有用的数据结构和算法，另外，因为 Python 是一种基于对象的语言，所以创建自定义数据对象相对容易。本书将研究 Python 的内部库和部分外部库，并学习如何从最基本的原则构建自己的数据对象。

本章目标：

●对数据结构与算法有一定了解。

●理解核心数据类型及其功能。

●探索 Python 编程语言的面向对象方面的内容。

技术要求：

本书使用 Python 编程语言（3.7 版）介绍数据结构与算法。这里假设读者了解 Python，但是，若对 Python 有些生疏或者根本不了解 Python，不用担心，通过第 1 章的学习应该会让你快速跟上。

GitHub上的链接：https://github.com/PacktPublishing/Hands-On-Data-Structures-and-Algorithms-with-Python-Second-Edition/tree/master/Chapter01，读者也可按照前言中的说明一次性下载本书所有的源代码。如果不熟悉Python，请访问：https://docs.python.org/3/tutorial/index；也可以在https://www.python.org/doc/上找到文档，这些都是轻松学习Python这种编程语言的优秀资源。

1.1 安装 Python

Python 是一种解释语言，语句是逐行执行的。程序员通常可以在源代码文件中写下一系列命令。对于 Python，源代码存储在扩展名为 .py 的文件中。

Python 已经完全集成，并且通常已经安装在大多数的 Linux 和 Mac 操作系统上，可以通过以下命令查看系统中安装的版本：

```
>>> import sys
>>> print(sys.version)
3.7.0 (v3.7.0:1bf9cc5093, Jun 27 2018, 04:06:47) [MSC v.1914 32 bit
(Intel)]
```

还可以在 Linux 上使用以下命令安装不同版本的 Python。

（1）打开终端。

（2）sudo apt-get update。

（3）sudo apt-get install -y python3 -pip。

（4）pip3 install < package_name >。

Python 必须安装在 Windows 操作系统上，因为它不是预安装的，不像 Linux 和 Mac OS。任何版本的 Python 都可以从以下链接下载：https://www.python.org/downloads/。可以下载软件安装程序并运行它：选择 Install，然后单击 Next。只需要指定要安装的位置，然后单击 Next。在此之后，在"自定义 Python"对话框中选择"将 Python 添加到环境变量"，然后再次单击 Next 安装。安装完成后，可以打开命令提示符，输入以下命令确认安装：

```
python -V
```

最新的 Python 版本是 Python 3.7，Python 程序可以通过在命令行中输入以下命令来执行：

```
python <sourcecode_filename>.py
```

1.2　理解数据结构与算法

数据结构与算法是计算中最基本的概念。它们是构建复杂软件的主要构件。理解这些基础概念在软件设计中是非常重要的，这涉及以下三个特点：

● 算法如何处理包含在数据结构中的信息。

● 数据在内存中如何排列。

● 特定数据结构的性能特征。

本书将从几个角度来讲述这个问题。首先，从数据结构与算法的角度来讲述 Python 编程语言的基础知识。其次，正确的数学工具很重要。理解计算机科学的基本概念需要懂数学，通过启发式方法，讲述一些指导原则。一般来说，掌握了高中数学范畴的知识就能理解这些关键思想的原则。

另一个重要的方面是评估。衡量算法的性能需要理解数据大小的增加如何影响该数据的操作。当处理大型数据集或实时应用程序时，算法和结构尽可能高效是至关重要的。

最后，需要一个强大的实验设计策略。要从概念上将现实世界的问题转化为编程语言的数据结构与算法，需要理解问题的重要元素以及将这些元素映射到编程结构的方法。

为了更好地理解算法思维的重要性，来看一个实例。想象一下，我们在一个不熟悉的市场，被分配了购买清单中的商品任务。假设市场是随机布局的，每个供应商销售随机的商品子集，其中一些商品可能在清单中。我们的目标是将我们购买的每一件商品的价格降到最低，以及将花费在市场上的时间降到最短。编写如下算法来解决这个问题：

（1）供应商是否有清单上的商品，并且该商品的价格是否低于预期价格。

（2）如果有，购买后并从名单中删除所购买的商品名称；如果没有，转到下一个供应商。

（3）如果没有其他供应商，结束。

这是一个简单的迭代器，具有一个决策和一个操作。如果使用编程语言，需采用数据结构来定义想购买的商品清单和供应商所销售的商品列表，并将它们存储在内存中。需要确定每个列表中物品匹配的最佳方式，以及某种逻辑来决定是否购买。

对这个算法做一些观察。首先，由于成本计算是基于预测的，我们不知道真正的价格是多少。因此，可能因为低估了商品的价格而不购买商品，就会出现当到达市场的最后一个供应商时，项目仍在清单上的情况。为了处理这种情况，就需要一种有效的存储数据的方法，这样就可以以最低的价格高效地回溯到供应商。

此外，还需要了解搜索购物清单上的商品与搜索每个供应商出售的商品所花费的时间。这很重要，因为随着购物清单上的商品数量或每个供应商出售的商品数量的增加，搜索一个商品需要的时间也就更多。搜索条目的顺序和数据结构的形状对搜索所需的时间影响很大。显然，我们希望以这样一种方式来安排清单以及访问每个供应商的订单，从而使搜索时间最短化。

另外，购买条件改变，以最低的价格购买而不仅仅是低于平均预测价格，这完全改变了问题。我们不需要按顺序从一个供应商到下一个供应商，而是需要遍历整个市场，有了这些知识，就可以通过将要访问的供应商来购买购物清单上的商品。

显然，在将现实世界的问题转换为抽象结构（如编程语言）时，还涉及许多细微变化。例如，当我们在市场中不断行进时，对商品成本的了解就会增加，因此预测的平均价格变量就会变得更加准确，直到最后一个供应商，我们对市场的了解就全面了。假设任何一种回溯算法都要付出代价，可以回顾整个策略的过程。诸如高价格可变性、数据结构的大小和形状以及回溯的成本等条件都决定了最合适的解决方案，前面的介绍表明了数据结构与算法在构建复杂解决方案中的重要性。

1.2.1　Python 的数据

Python 有几个内置的数据结构，包括列表、字典和集合，用来构建自定义对象。此外，还有许多内部库，如工具类（collections）和数学对象（math object）可以创建更高级的结构，并在这些结构上进行运算。最后，还有一些外部库，比如在 SciPy 包中找到的那些库可以执行一系列高级数据任务，如逻辑和线性回归、可视化和数学计算、矩阵和向量的操作。外部库对于开箱即用的解决方案非常有用，然而与从头构建定制对象相比，通常会有性能损失。通过学习如何编写这些对象的代码，可以将它们用于特定的任务，使它们更高效。这并不是要排除外部库的作用，这将在第 13 章中介绍。

首先，简述语言的一些关键特性，这些特性使 Python 成为数据编程的绝佳选择。

1.2.2　Python 环境

由于其可读性和灵活性，Python 是目前最受欢迎和广泛使用的编程语言之一。Python 环境的一个特性是它的交互式控制台，其允许将 Python 用作桌面可编程的计算器，也可以作为编写和测试代码片段的环境。

控制台的输出循环是与大型代码库交互的一种非常方便的方式，如运行函数和方法或创建类，这是 Python 相对于其他编译语言如 C、C++ 或 Java 的主要优势之一，在这些语言中，write...compile...test...recompile 周期与 Python 的 read...evaluate... 输出循环能够输入表达式并立即得到响应，这可以加快执行数据科学任务的速度。

除了 CPython 官方版本外，还有一些优秀的 Python 发行版。其中最受欢迎的两种及下载网址为 Anaconda（https://www.continuum.io/downloads）和 Canopy（https://www.enthought.com/products/canopy/）。大多数发行版都带有自己的开发环境和编译器。Canopy 和 Anaconda 都包括科学、机器学习和其他数据应用程序的库。除了 CPython 版本外，还有许多 Python 控制台的实现，其中引人注目的是基于 Web 计算环境的 IPython/ Jupyter 平台。

1.2.3 变量和表达式

要通过算法实现来解决现实的问题，首先要选择变量，然后对这些变量进行操作。变量是附加到对象上的标签。变量不是对象，也不是对象的容器，它们仅作为对象的指针或引用。例如下面的代码：

```
In [1]: a=[2,4,6]

In [2]: b=a

In [3]: a.append(8)

In [4]: b
Out[4]: [2, 4, 6, 8]
```

上述代码创建了一个变量 a，它指向一个列表对象。然后创建了另一个变量 b，它指向同一个列表对象。当向 list 对象追加一个元素时，这个更改会同时体现在 a 和 b 中。

在 Python 中，变量名在程序执行期间，可以具有不同的数据类型，不需要事先声明变量的数据类型。每个值都是一个类型（如字符串或整数），但指向这个值的变量名没有特定的类型。更具体地说，变量指向一个对象，该对象可以根据赋给它们的值的类型改变它们的类型。例如下面的代码：

```
In [1]: a=1

In [2]: type(a)
Out[2]: int

In [3]: a=a+0.1

In [4]: type(a)
Out[4]: float
```

在前面的代码示例中，a 的类型从 int 更改为 float，这取决于存储在变量中的值。

1.2.4 变量作用域

变量在函数中的作用域规则很重要。每当函数执行时，就会创建一个本地环境（命名空间）。这个本地命名空间包含函数分配的所有变量和参数名。每当函数被调用时，Python 解释器首先查

看函数本身的本地命名空间。如果没有找到匹配的，就查看全局命名空间。如果仍然没有找到该名
称，那么它将在内置命名空间中搜索。如果还是没有找到，那么解释器将抛出一个 NameError 异常。

考虑以下代码：

```
a=15;b=25
def my_function():
    global a
    a=11;b=21
my_function()
print(a)                          # 输出 11
print(b)                          # 输出 25
```

在上面的代码中定义了两个全局变量。这时需要使用关键字 global 告知解释器，在函数内部
引用的是一个全局变量。当我们将变量 a 更改为 11 时，这些更改会反映在全局范围内。但是，设
置为 21 的 b 变量对函数来说是局部的，在函数内部对它所做的任何更改都不会反映在全局作用域
中。当运行这个函数并输出 b 时，它仍然保留了原来的全局变量值。

此外，来看另一个有趣的例子：

```
>>>a = 10
>>>def my_function():
...     print(a)
>>>my_function ()
10
```

代码正常工作，输出为 10，参见以下代码：

```
>>>a = 10
>>>def my_function():
...     print(a)
...     a= a+1
>>>my_function()
UnboundLocalError: local variable 'a' referenced before assignment
```

上面的代码给出了一个错误，因为对作用域中的变量进行赋值会使该变量成为该作用域中的
局部变量。上面的例子中，在 my_function() 赋值给变量 a 时，编译器假定 a 为局部变量，这就是
为什么 print() 函数试图输出未初始化为局部变量的局部变量 a，因此，它给出一个错误。它可以
通过声明为 global 访问外部作用域变量来解析：

```
>>>a = 10
>>>def my_function():
...     global a
...     print(a)
...     a = a+1
>>>my_function()
10
```

因此，在 Python 中，函数内引用的变量是全局隐式的，如果变量在函数体内的任何地方被赋值，除非显式声明为全局变量，否则它将被默认为局部变量。

1.3　流程控制与迭代

Python 程序由一系列语句组成。解释器按顺序执行每条语句，直到最后一条语句为止。如果文件作为主程序运行，以及通过 import 加载它们，这是正确的。所有语句，包括变量赋值、函数定义、类定义和模块导入，都具有相同的状态。没有比其他语句优先级更高的特殊语句，每个语句都可以放在程序中的任何位置。程序中的所有指令或语句一般都是按顺序执行的。然而，有两种主要的方法来控制程序执行流程，即条件语句和循环。

if...else 和 elif 语句控制语句的条件执行。一般的格式是一系列 if 和 elif 语句，后跟一个 else 语句，例如：

```
x='one'
if x==0:
    print('False')
elif x==1:
    print('True')
else: print('Something else')
# 输出 Something else
```

注意使用 "==" 运算符来比较这两个值。如果两个值相等，则返回 True；否则返回 False。另外请注意，将 x 设置为字符串将返回其他内容，而不是像在非动态类型语言中那样生成类型错误。动态类型语言（如 Python）允许灵活地分配具有不同类型的对象。

另一种控制程序执行流程的方法是使用循环。Python 提供了两种构造循环的方法：while 和 for 循环语句。while 循环重复执行语句，直到逻辑条件为真为止。for 循环提供了一种通过一系列元素将执行过程重复到循环中的方法。例如：

```
In [5]: x=0

In [6]: while x < 3 : print(x); x +=1
0
1
2
```

在这个例子中，while 循环执行这些语句，直到条件 x < 3 不满足为止。

使用 for 循环的例子如下：

```
>>>words = ['cat', 'dog', 'elephant']
>>>for w in words:
...    print(w)
...

cat
```

```
dog
elephant
```

本例中，执行 for 语句循环，遍历列表中的所有项。

1.4　数据类型与对象概述

Python 包含各种内置数据类型，包括四种数字类型（int、float、complex、bool）、四种序列类型（str、list、tuple、range）、一种映射类型（dict）和两种集合类型。也可以创建用户定义的对象，如函数或类。本章将介绍 str 和 list 数据类型，下一章介绍其余的内置类型。

Python 中的所有数据类型都是对象。事实上，Python 中几乎所有东西都是对象，包括模块、类、函数及字符串和整数等文字。Python 中的每个对象都有一个类型、一个值和一个标识。当写入 "greet="hello world"" 时，这是在创建一个字符串对象的实例，该对象的值为 hello world，并具有 greet 的标识。对象的标识充当指向内存中对象位置的指针。对象的类型也称为对象的类，描述对象的内部表示，以及它支持的方法和操作。一旦创建了对象的实例，就不能更改其标识和类型。

可以通过使用内置函数 id() 来获取对象的地址。这将返回一个地址整数，在大多数系统中，这指的是它的内存位置，但在任何代码中都不应该依赖于此。此外，还有许多比较对象的方法，例如：

```
if a==b:                # 如果 a 和 b 的值相同
if a is b:              # 如果 a 和 b 是同一个对象
if type(a) is type(b):  # 如果 a 和 b 是同一类型
```

在可变对象和不可变对象之间需要有一个重要的区别。像列表这样的可变对象可以更改它们的值。有一些方法，如 insert() 或 append() 可以更改对象的值。不可变对象（如字符串）的值不能更改，因此当运行它们的方法时，只是返回一个值，而不是更改底层对象的值。当然，可以通过将该值赋值给变量或将其用作函数的参数来使用它。例如，int 类是不可变的，一旦创建了它的实例，它的值就不能更改，但是，引用该对象的标识符可以重新分配另一个值。

1.4.1　字符串

字符串是不可变的序列对象，每个字符代表序列中的一个元素。与所有对象一样，使用方法来执行操作。字符串是不可变的，不会改变实例；每个方法只返回一个值。这个值可以存储为另一个变量，也可以作为函数或方法的参数。

一些最常用的字符串方法及其描述如表 1-1 所列。

表 1-1　最常用的字符串方法及描述

方　　法	描　　述
s.capitalize	返回一个只包含第一个字符的字符串大写，其余的都是小写
s.count(substring, [start, end])	统计其中的子字符串出现的次数

方　　法	描　　述
s.expandtabs([tabsize])	用空格替换制表符
s.endswith(substring, [start, end])	如果字符串以指定的子字符串结束，则返回 True
s.find(substring, [start, end])	返回子字符串第一次出现的索引
s.isalnum()	如果所有字符都是字母数字，则返回 True
s.isalpha()	如果所有字符，都是按字母顺序排列的，则返回 True
s.isdigit()	如果所有字符都是数字，则返回 True
s.split([separator], [maxsplit])	以空格或字符串分隔，可选分隔符，返回一个列表
s.join(t)	连接序列 t 中的字符串
s.lower()	将字符串全部转换为小写
s.replace(old, new[maxreplace])	将旧的子字符串替换为新的子字符串
s.startswith(substring, [start, end])	如果字符串以指定子字符串开头，则返回 True
s.swapcase()	返回字符串的副本，并在字符串中大小写交换
s.strip([characters])	删除空格或可选字符
s.lstrip([characters])	返回字符串的副本，并删除左侧指定字符

　　和所有序列类型一样，字符串也支持索引和切片。我们可以通过使用索引 s[i] 从字符串中检索任何字符；可以使用 s[i:j] 检索字符串的一个切片，其中 i 和 j 是切片的起始点和结束点；可以通过使用一个 stride 返回一个扩展的片，如下面例子中的 s[i:j:stride] 所示。

```
In [19]: greet = 'hello world'

In [20]: greet[1]
Out[20]: 'e'

In [21]: greet[0:8]
Out[21]: 'hello wo'

In [22]: greet[0:8:2]
Out[22]: 'hlow'

In [23]: greet[0::2]
Out[23]: 'hlowrd'
```

　　前两个示例非常简单，分别返回位于索引 1 的字符和字符串的前 7 个字符。注意，索引从 0 开始。在第三个示例中，我们使用的步数为 2，这将导致每两步就返回一个字符。在最后一个示例中省略了结束索引，切片将每两步返回字符，直到字符串结束。
　　只要其数值是整数，就可以使用任何表达式、变量或操作符作为索引：

```
In [9]: greet[1+2]
Out[9]: 'l'

In [10]: greet[len(greet)-1]
Out[10]: 'd'
```

另一个常见的操作是用循环遍历字符串：

```
In [24]: for i in enumerate(greet[0:5]): print(i)
(0, 'h')
(1, 'e')
(2, 'l')
(3, 'l')
(4, 'o')
```

既然字符串是不可变的，那么一个常见的问题就是如何执行诸如插入值之类的操作。我们不需要改变一个字符串，而是需要考虑为需要的结果构建新的字符串对象的方法。例如，如果想要在问候语中插入一个单词，则可以为下面的语句赋值一个变量：

```
In [19]: greet[:5] + ' wonderful' + greet[5:]
Out[19]: 'hello wonderful world'
```

正如这段代码所示，用切片操作符在索引位置 5 分隔字符串并使用 "+" 连接。Python 从不将字符串的内容解释为数字。如果需要对字符串执行数学运算，首先需要将其转换为数值类型：

```
In [15]: x='3'; y='2'

In [16]: x + y #concatenation
Out[16]: '32'

In [17]: int(x) + int(y) #addition
Out[17]: 5
```

1.4.2　列表

list 是最常用的内置数据结构之一，因为它们可以存储任意数量的不同数据类型。它们是对象的简单表示，并以从 0 开始的整数为索引，就像我们在字符串中看到的那样。

最常用的 list 方法及其描述如表 1–2 所列。

表1–2　最常用的list方法及描述

list(s)	返回序列 s 的列表
s.append(x)	将元素 x 追加到列表 s 的末尾
s.extend(x)	将列表 x 追加到列表 s 的末尾
s.count(x)	返回对象 x 在列表 s 中出现的次数
s.index (x, [start, stop])	返回最小的索引 i，其中 s[i]==x。可以包括一个可选的开始和停止索引进行查找
s.insert(i,e)	在索引 i 处插入 x

s.pop(i)	返回第 i 个元素并从列表 s 中删除该元素
s.remove(x)	从列表 s 中移除对象 x
s.reverse()	反转列表 s 的顺序
s.sort(key, [reverse])	使用可选键对列表进行排序，并将其倒过来排序

在 Python 中，list 的实现与其他语言不同。Python 不会为一个变量创建多个副本。例如，当我们将一个变量的值赋给另一个变量时，两个变量都指向存储该值的相同内存地址。只有当变量的值发生变化时，才会分配副本。该特性使 Python 内存效率更高，因为它只有在需要时才创建多个副本。

这对于可变的复合对象（如列表）有重要的影响。例如以下代码：

```
In [8]: x=1;y=2;z=3
In [9]: list1 =[x,y,z]
In [10]: list2 = list1
In [11]: list2[1] = 4
In [12]: list1
Out[12]: [1, 4, 3]
```

在上面的代码中，list1 和 list2 变量都指向相同的内存地址，但通过 list2 将 y 更改为 4 时，实际上也更改了 list1 所指向的相同的 y 变量。

list 的一个重要特性是它可以包含嵌套的结构，也就是说，list 可以包含其他列表。例如，在下面的代码中，list items 包含另外三个列表：

```
In [5]: items = [["rice",2.4, 8 ],["flour", 1.9, 5], ["Corn", 4.7, 6] ]

In [6]: for item in items:
   ...:     print("Product: %s Price: %.2f Quality: %i" % (item[0], item[1], item[2]))
   ...:
Product: rice Price: 2.40 Quality: 8
Product: flour Price: 1.90 Quality: 5
Product: Corn Price: 4.70 Quality: 6
```

可以使用方括号来访问列表的值，因为列表是可变的，所以可以直接复制。下面的例子演示了如何使用它来更新元素。例如，把面粉的价格提高 20%：

```
In [26]: items[1][1] = items[1][1] * 1.2

In [27]: items[1][1]
Out[27]: 2.28
```

可以使用一种非常常见和直观的方法从表达式中创建列表，即列表表达式。可以通过一个表达式直接创建一个列表到列表中，创建 list l 如下所示：

```
In [27]: l= [2,4,8,16]

In [28]: [i**3 for i in l]
Out[28]: [8, 64, 512, 4096]
```

　　列表推导式可以非常灵活，它本质上展示了两种执行函数组合的不同方法，我们将一个函数（x*4）应用到另一个函数（x*2）。下面的代码输出两个表示函数 f1 和 f2 组合的列表，首先使用 for 循环，然后使用列表推导式计算，代码如下：

```
def f1(x): return x*2
def f2(x): return x*4
lst=[]
for i in range(16):
    lst.append(f1(f2(i)))
print(lst)
print([f1(x) for x in range(64) if x in [f2(j) for j in range(16)]]) [22]
```

第一行输出来自 for 循环构造，第二行来自列表表达式：

```
[0, 8, 16, 24, 32, 40, 48, 56, 64, 72, 80, 88, 96, 104, 112, 120]
[0, 8, 16, 24, 32, 40, 48, 56, 64, 72, 80, 88, 96, 104, 112, 120]
```

　　列表推导式还可以用于以更紧凑的形式复制嵌套循环的操作。例如，将 list1 中的每个对应元素分别相乘：

```
In [13]: list1= [[1,2,3], [4,5,6]]

In [14]: [i * j for i in list1[0] for j in list1[1]]
Out[14]: [4, 5, 6, 8, 10, 12, 12, 15, 18]
```

　　还可以对其他对象（如字符串）使用列表推导式来构建更复杂的结构。例如，下面的代码创建了一个单词列表和它们的字符计数：

```
In [20]: words = 'here is a sentence'.split()

In [21]: [[word, len(word)] for word in words]
Out[21]: [['here', 4], ['is', 2], ['a', 1], ['sentence', 8]]
```

　　列表的通用性、易于创建和使用构成了许多数据结构的基础，使它们能够构建更专门化和更复杂的数据结构。

函数作为第一类对象

　　在 Python 中，不仅数据类型被视为对象，函数和类都是所谓的第一类对象，允许以与内置数据类型相同的方式操作它们。第一类对象定义如下：

● 在运行时创建。
● 作为变量或在数据结构中分配。
● 作为参数传递给函数。
● 作为函数的结果返回。

　　在 Python 中，术语"第一类对象"有点用词不当，因为它暗示了某种层次结构，而所有 Python 对象本质上都是第一类对象。

　　为了观察它的工作过程，定义一个简单的函数，代码如下：

```
def greeting(language):
    if language=='eng':
            return 'hello world'
    if language =='fr'
        return 'Bonjour le monde'
    else: return 'language not supported'
```

因为用户定义的函数是对象，所以可以将它们包含在其他对象中，比如列表：

```
In [9]: l=[greeting('eng'), greeting('fr'), greeting('ger')]

In [10]: l[1]
Out[10]: ' Bonjour le monde'
```

函数也可以用作其他函数的参数。比如定义以下函数：

```
In [14]: def callf(f):
    ...:         lang='eng'
    ...:         return (f(lang))
    ...:

In [15]: callf(greeting)
Out[15]: 'hello world'
```

这里，callf() 接收一个函数作为参数，将一个语言变量设置为 eng，然后用语言变量作为参数调用函数。比如想要生成一个程序，以各种语言返回特定的句子，也许对于某种自然语言应用程序来说，可以看到这是如何运用的。在这里，有一个中心位置来设置语言，除了 greeting() 函数之外，还可以创建返回不同句子的类似函数。通过设置语言的一个点，其余的程序逻辑就不必担心这个问题了。如果想要改变语言，只需要改变语言变量，其他都可以保持不变。

1.4.3 高阶函数

接收其他函数作为参数或返回函数的函数称为高阶函数。Python 3 包含两个内置的高阶函数：filter() 和 map()。请注意，在 Python 的早期版本中，这些函数返回列表；在 Python 3 中，它们返回一个迭代器，使其更加高效。map() 函数提供了一种将每个项转换为可迭代对象的简单方法。例如，这是一种对序列执行操作的高效、紧凑的方法。注意 lambda 匿名函数的使用：

```
In [40]: list = [1,2,3,4]

In [41]: for item in map(lambda n: n*2, list): print(item)

Out [41]:

2

4

6

8
```

类似地，可以使用 filter() 内置函数来过滤列表中的项：

```
In [3]: list = [1,2,3,4]
In [4]: for item in filter(lambda n: n<4, list): print(item)
Out [4]:
1
2
3
```

注意，map 和 filter 都执行类似于列表推导式的相同功能。与列表推导式相比，map 和 filter 的性能除了使用不带 lambda 操作符的内置函数略有优势外，在其他性能特征上似乎没有太大区别。尽管如此，大多数数据类型手册还是建议使用列表推导式而不是内置函数，可能是因为它们更容易阅读。

创建高阶函数是函数式编程的标志之一。下面的例子演示了如何使用高阶函数。这里将 len 函数作为 key 传递给 sort 函数，这样就可以按长度对单词列表进行排序：

```
In [19]: words=str.split('The longest word in this sentence')

In [20]: sorted(words, key=len)
Out[20]: ['in', 'The', 'word', 'this', 'longest', 'sentence']
```

下面是另一个不区分大小写排序的例子：

```
In [84]: sl=['A','b','a', 'C', 'c']

In [85]: sl.sort(key=str.lower)

In [86]: sl
Out[86]: ['A', 'a', 'b', 'C', 'c']

In [87]: sl.sort()

In [88]: sl
Out[88]: ['A', 'C', 'a', 'b', 'c']
```

注意 list.sort() 方法和已排序的内置函数之间的区别。list.sort() 方法是 list 对象的一个方法，它在不复制列表的情况下对列表的现有实例进行排序。此方法更改目标对象并返回 None。Python 中的一个重要约定是，更改对象的函数或方法返回 None，以明确表示没有创建新对象，对象本身却发生了改变。

另一方面，已排序的内置函数返回一个新的列表。它接收任何可迭代对象作为参数，但它总是返回一个列表。list sort 和 sorted 都采用两个可选关键字参数作为 key。

对更复杂的结构进行排序的一种简单方法是使用元素的索引和 lambda 操作符，例如：

```
In [3]: items= [['rice',2.4,8],["flour",1.9,5],["Corn", 4.7,6]]

In [4]: items.sort(key=lambda item: item[1])

In [5]: print(items)

Out [5]: [['flour', 1.9, 5], ['rice', 2.4, 8], ['Corn', 4.7, 6]]
```

这里按价格对商品分类。

1.4.4 递归函数

递归是计算机科学中最基本的概念之一。当函数在执行过程中对自身进行一次或多次调用时被称为递归。循环（迭代）和递归的不同之处在于，循环是通过逻辑条件或一系列元素重复执行语句，而递归则是重复调用函数。在 Python 中，可以通过在递归函数体中调用它来实现递归函数。为了防止递归函数变成无限循环，至少需要一个测试终止情况的参数来结束递归，这被称为基本情况。应该指出，递归不同于循环。尽管这两种方法都涉及重复，但循环是一系列操作，而递归是反复调用函数。从技术上讲，递归是循环的一种特殊情况，称为尾部循环，通常总是可以将循环函数转换为递归函数，反之亦然。递归函数的有趣之处在于它们能够在有限语句中描述无限对象。

下面代码说明了递归和循环之间的区别。这两个函数都只是简单地输出低和高之间的数字，第一个使用循环，第二个使用递归：

```
def iterTest(low,high):
    while low <= high:
        print(low)
        low=low+1

def recurTest(low,high):
    if low <= high:
        print(low)
        recurTest(low+1, high)
```

注意，对于循环示例 iterTest，使用一个 while 语句来测试条件，然后调用 print 方法，最后增加低值。递归示例测试条件、输出，然后调用自身，在其参数中递增 low 变量。一般来说，循环更有效，然而，递归函数通常更容易理解和编写。后面会看到，递归函数对于操作递归数据结构（如链表和树）也很有用。

1.5 生成器和协同例程

通过使用 yield 语句，可以创建并返回不止一个结果，可以返回整个结果序列的函数，这种函数被称为生成器。Python 的生成器函数是创建迭代器的一种简单方法，在替代无限长的列表时特别有用，生成器生成项而不是生成列表。例如，下面的代码说明了为什么选择使用生成器，而不是创建列表：

```
# 比较列表运行时间和生成器导入时间
# 生成器函数在 n 和 m 之间创建奇数迭代器
    def oddGen(n,m):
    while n<m:
        yield n
        n+=2
# 在 n 和 m 之间建立奇数列表
    def oddLst(n,m):
    lst=[]
    while n<m:
        lst.append(n)
        n+=2
    return lst
# 在迭代器上执行求和所需的时间
    t1=time.time()
sum(oddGen(1,1000000))
print("Time to sum an iterator: %f" % (time.time() - t1))
# 构建和汇总列表所需的时间
    t1=time.time()
sum(oddLst(1,1000000))
print("Time to build and sum a list: %f" % (time.time() - t1))
```

程序输出以下内容:

```
Time to sum an iterator: 0.133119
Time to build and sum a list: 0.191172
```

正如所看到的,构建一个列表来进行这个计算花费的时间要长得多。使用生成器所带来的性能改进是因为这些值是根据需要生成的,而不是作为列表保存在内存中。计算可以在生成所有元素之前开始,并且只在需要元素时才生成元素。

在前面的例子中,当需要计算时,sum 方法将每个数字装入内存。这是通过生成器对象反复调用 __next__() 特殊方法来实现的,生成器只返回 None 以外的值。

通常,生成器对象用于 for 循环。例如,可以使用前面代码中创建的 oddLst 生成器函数输出 1 和 10 之间的奇数整数:

```
for i in oddLst (1,10): print(i)
```

还可以创建一个生成器表达式,除了用圆括号替换方括号外,还可以使用与列表推导式相同的语法并执行相同的操作。然而,生成器表达式并不创建列表,而是创建一个生成器对象。此对象不创建数据,而是根据需要创建数据。这意味着生成器对象不支持序列方法,如 append() 和 insert()。不过,可以使用 list() 函数将生成器更改为列表:

```
In [5]: lst1= [1,2,3,4]

In [6]: gen1 = (10**i for i in lst1)

In [7]: gen1
Out[7]: <generator object <genexpr> at 0x000001B981504C50>

In [8]: for x in gen1: print(x)
10
100
1000
10000
```

1.5.1 类和对象编程

　　类是创建新类型对象的一种方式，它们是面向对象编程的核心。一个类定义了一组属性，这些属性在该类的实例之间共享。通常，类是函数、变量和属性的集合。

　　面向对象的范例是引人注目的，因为它给了我们一种思考和表示程序核心功能的具体方式。通过围绕对象和数据而不是动作和逻辑来组织程序，就有了一种健壮而灵活的方式来构建复杂的应用程序。当然，动作和逻辑仍然存在，但通过将它们具体到对象中，就有了一种封装功能的方法，允许对象以非常特定的方式改变。这使得程序代码更不容易出错，更容易被扩展和维护，并能够对现实的对象建模。

　　在 Python 中使用 class 语句创建类。这定义了一组与一组类实例相关联的共享属性。一个类通常由许多方法、类变量和计算属性组成。定义一个类本身并不会创建该类的任何实例，理解这一点很重要。要创建一个实例，必须给一个类分配一个变量。类结构体由一系列在类定义期间执行的语句组成。在类中定义的函数被称为实例方法。它们通过传递类的一个实例作为第一个参数，将一些操作应用到类实例。根据约定，这个参数被称为 self，但它可以是任何合法的标识符。下面是一个简单的例子，代码如下：

```python
class Employee(object):
    numEmployee=0
    def init (self,name,rate):
        self.owed=0
        self.name=name
        self.rate=rate
      Employee.numEmployee += 1
    def del (self):
        Employee.numEmployee-=1
    def hours(self,numHours):
        self.owed += numHours*self.rate
        return ("%.2f hours worked" % numHours)
    def pay(self):
        self.owed=0
        return("payed %s " % self.name)
```

　　类变量（如 numEmployee）在类的所有实例中共享数据。在本例中，numEmployee 用于计算 Employee 实例的数据。注意，Employee 类实现了 __init__ 和 __del__ 特殊方法，将在 1.5.2 小节介绍这些方法。

　　可以通过以下步骤创建 Employee 对象的实例、运行方法并返回类和实例变量：

```
In [3]: emp1=Employee("Jill", 18.50)

In [4]: emp2=Employee("Jack", 15.50)

In [5]: Employee.numEmployee
Out[5]: 2

In [6]: emp1.hours(20)
Out[6]: '20.00 hours worked'

In [7]: emp1.owed
Out[7]: 370.0

In [8]: emp1.pay()
Out[8]: 'payed Jill '
```

1.5.2　特殊方法

　　可以使用 dir(object) 函数来获取特定对象的属性列表。以双下划线开始和结束的方法称为特殊方法。除了下列异常外，特殊方法通常由 Python 解释器而不是程序员调用，比如，当使用"+"操作符时，实际上调用的是 to_add_()。例如，可以使用 len(my_object)，而不使用 my_object_len_()，在字符串对象上使用 len() 实际上要快得多，因为它返回表示对象在内存中的大小的值，而不是调用对象的 _len_ 方法。

　　在程序中实际调用的唯一一个特殊方法通常是 _init_ 方法，用于在自己的类定义中调用超类的初始值设定项。建议不要对自己的对象使用双下划线语法，因为可能会与 Python 内部的特殊方法发生冲突。

　　然而，我们可能希望在自定义对象中实现特殊方法，为它们提供一些内置类型的行为。在下述代码中创建一个实现 _repr_ 方法的类，这个方法为定义的对象创建一个字符串表示，这对于检查是有用的：

```
class my_class():
    def __init__(self,greet):
        self.greet=greet
    def __repr__(self):
        return 'a custom object (%r) ' % (self.greet)
```

　　当创建这个对象的实例并检查它时，可以看到我们得到了自定义的字符串表示。注意使用了"%r"格式占位符来返回对象的标准表示形式。这是非常有用的最佳实践，因为在本例中，它向我们展示了 greet 对象是由引号表示的字符串：

```
In [13]: a=my_class('giday')

In [14]: a
Out[14]: a custom object ('giday')
```

1. 继承

继承是面向对象编程语言最强大的特性之一，它允许从其他类继承功能。可以创建一个新类，通过继承来修改现有类的行为。继承意味着如果一个类的对象是通过继承另一个类而创建的，那么这个对象将拥有两个类的所有功能、方法和变量，继承这些功能的现有类称为父类或基类，新类称为派生类或子类。

可以用一个非常简单的示例来解释继承——创建一个 Employee 类，该类具有诸如雇员的姓名和按小时支付工资的比率等属性。现在可以创建一个完全继承 Employee 类的所有属性的 special Employee。Python 中的继承是通过在类定义中将继承的类作为参数传递来实现的，它通常用于修改现有方法的行为。

special Employee 类的实例与 Employee 类的实例完全相同，只是更改了 hours() 方法。例如，在下述代码中创建一个 special Employee 类，它继承了 Employee 类的所有功能，并更改了 hours() 方法：

```python
class specialEmployee(Employee):
    def hours(self,numHours):
        self.owed += numHours*self.rate*2
        return("%.2f hours worked" % numHours)
```

在子类中定义新的类变量，需要再定义一个_init_() 方法，代码如下：

```python
class specialEmployee(Employee):
    def __init__(self,name,rate,bonus):
        Employee.__init__(self,name,rate)          # 调用基类
        self.bonus=bonus
    def  hours(self,numHours):
        self.owed += numHours*self.rate+self.bonus
        return("%.2f hours worked" % numHours)
```

请注意，基类的方法不会被自动调用，需要派生类调用它们。可以使用内置的 isinstance(obj1,obj2) 函数来测试类的成员关系。如果 obj1 属于 obj2 类或从 obj2 派生的任何类，则返回 True。可以用下面的例子来解释这一点，其中 obj1 和 obj2 分别是 Employee 和 specialEmployee 类的对象，代码如下：

```python
# 示例 issubclass() 检查一个类是否是另一个类的子类
# 示例 isinstance() 检查对象是否属于类
print(issubclass(specialEmployee, Employee))
print(issubclass(Employee, specialEmployee))
d = specialEmployee("packt", 20, 100)
b = Employee("packt", 20)
print(isinstance(b, specialEmployee))
print(isinstance(b, Employee))
# 输出
True
False
```

```
False
True
```

通常，所有的方法都在类中定义的类的实例上操作，然而这并不是必需的。有两种类型的方法——静态方法和类方法。静态方法非常类似于类方法，它主要绑定到类，而不是绑定到类的对象。它定义在一个类中，不需要一个类的实例来执行，它不会对实例执行任何操作，它使用 @staticmethod 类装饰器定义。静态方法不能访问实例的属性，所以最常见的用途是方便地将实用程序函数分组在一起。

类方法操作类本身，而不与实例一起工作。类方法的工作方式与类变量和类相关联的方式相同，而不是与类的实例相关联的方式。类方法使用 @classmethod 装饰器定义，与类中的实例方法不同。它作为第一个参数传递，根据约定将其命名为 cls。类 exponentialB 继承自类 exponentialA，并将基类变量更改为 4。还可以运行父类的 exp() 方法，代码如下：

```
class exponentialA(object):
    base=3
    @classmethod
    def exp(cls,x):
        return(cls.base**x)
    @staticmethod
    def addition(x, y):
        return (x+y)
class exponentialB(exponentialA):
        base=4
a = exponentialA()
b = a.exp(3)
print("the value: 3 to the power 3 is", b)
print('The sum is:', exponentialA.addition(15, 10))
print(exponentialB.exp(3))
# 输出下列结果
the value: 3 to the power 3 is 27
The sum is: 25
64
```

静态方法和类方法的区别在于静态方法不参与类的工作，它只处理参数，而类方法只与类一起工作，它的参数总是类本身。

类方法之所以有用有几个原因。例如，因为子类继承了其父类的所有相同特性，所以它有可能破坏继承的方法。类方法是一种准确定义运行哪些方法的方法。

2. 数据封装和属性

除非另有说明，所有的属性和方法都可以无限制地被访问，这也意味着在基类中定义的所有内容都可以从派生类中访问。当构建面向对象的应用程序时，可能想要隐藏对象的内部实现，这可能会引发问题，这可能导致派生类中定义的对象与基类之间的名称空间冲突。为了防止这种情况发生，用双下划线定义私有属性的方法，如 __privateMethod()。这些方法的名称会自动更改为 __Classname_privateMethod()，以防止与基类中定义的方法的名称冲突。请注意，这并不是严格地隐藏私有属性，而是提供了一种防止名称冲突的机制。

在使用类属性定义可变属性时，建议使用私有属性。属性并不返回存储的值，而是在调用时计算其值。例如，可以用以下方式重新定义 exp() 属性，代码如下：

```
class Bexp(Aexp):
    base=3
    def exp(self):
        return(x**cls.base)
```

1.6 小 结

本章介绍了 Python 编程的基本知识，描述了 Python 提供的各种数据结构与算法，介绍了变量、列表和一些控制结构的使用问题，并学习了如何使用条件语句。同时，还介绍了在 Python 中如何使用函数和各种对象，并提供了一些 Python 语言面向对象方面的材料。创建了自己的对象并加以继承。

Python 还提供了更多的功能。下一章将集中于数字、序列、映射和集合，这些也是 Python 中的数据类型，在为一系列操作组织数据时是有用的，对后面章节中研究的算法的实现也是非常有用的。

进一步阅读

学习 Fabrizio Romano 的 Python：https://www.packtpub.com/application-development/learning-python。

第2章　Python数据类型与结构

本章中，我们将更详细地研究 Python 数据类型。前面已经介绍了两种数据类型 string 和 list，即 str() 和 list()。然而，仅仅这些数据类型是不够的，还需要更专门的数据对象来表示以及存储数据。Python 还有其他各种用于存储和管理数据的标准数据类型，这将在本章中介绍。除了内置类型，还有几个内部模块允许处理数据结构时的常见问题。首先，来回顾一些对所有数据类型都通用的操作和表达式，并介绍更多与 Python 中的数据类型相关的内容。

本章目标：

●理解 Python 3.7 中支持的各种重要内置数据类型。

●探索内置数据类型的其他高性能替代集合。

技术要求：

源代码在 GitHub 上的网址为：https://github.com/PacktPublishing/Hands-On-Data-Structures-and-Algorithms-with-Python-Second-Edition/tree/master/Chapter02。

2.1　内置的数据类型

Python 数据类型可以分为三类，即数值型、序列型和映射型，还有一个表示 Null 或无值的 None 对象，其他对象如类、文件和异常，可以视为类型，这里暂不考虑。

Python 中的每个值都有一个数据类型。与许多编程语言不同，在 Python 中不需要显式声明变量的类型。Python 在内部跟踪对象类型。

Python 内置的数据类型见表 2-1。

表2-1　Python内置数据类型

类　别	名　称	描　述
None	None	为空对象
Numeric	int	可以存储整数
	float	可以存储浮点数
	complex	存储一个复数
	bool	一个布尔类型, 返回 True 或 False
Sequences	str	用于存储字符串字符

类　别	名　称	描　述
sequences	list	用于存储任意对象的列表
	Tuple	用于存储一组任意的项
	range	用于创建一个整数范围
Mapping	dict	一种字典数据类型，将数据存储在键或值对中
	set	一个可变的和无序的唯一项的集合
	frozenset	一个不可变的集合

2.2　None 类型

None 类型是不可变的，它用作 None 表示没有值，在许多编程语言中，如 C 和 C++，它类似于 null。当实际上没有什么需要返回时，对象返回 None；它也由布尔表达式 False 返回。None 通常作为函数参数的默认值，用于检测函数调用是否传递了一个值。

2.3　数值类型

数值类型包括整数（int）、浮点数（float）、用两个浮点数表示的复数（complex）以及 Python 中的布尔值（bool）。Python 提供了 int 数据类型，允许标准算术运算符（+、-、* 和 /）对其进行运算，类似于其他编程语言。布尔数据类型有两个可能的值：True 和 False。这些值分别映射到 1 和 0。请看下面的例子：

```
>>>a=4; b=5              # 运算符 (=) 将值指定给变量
>>>print(a, "is of type", type(a))
4 is of type
<class 'int'>
>>>9/5
1.8
>>>c= b/a               # 除法返回一个浮点数
>>>print(c, "is of type", type(c))
1.25  is of type <class 'float'>
>>>c                     # 无须显式声明数据类型
1.25
```

变量 a 和 b 是 int 类型，而 c 是 float 类型。除法运算符（/）总是返回 float 类型。但如果想在除法之后获得 int 类型，可以使用取整运算符（//），它会丢弃小数部分，并返回小于或等于 x 的最大整数值。如下面的例子：

```
>>>a=4; b=5
>>>d= b//a
>>>print(d, "is of type", type(d))
1 is of type <class 'int'>
>>>7/5                          # 除法运算
1.4
>>>-7//5                        # 取余运算
-2
```

建议读者谨慎使用除法运算符，因为它的函数会由于 Python 版本的不同而不同。在 Python 2 中，除法运算符只返回整数，而不返回浮点数。

指数运算符（**）可用于获得一个数字的幂（如 x ** y），取余运算符（%）返回除法的余数（如 a% b 返回 a/b 的余数）：

```
>>>a=7; b=5
>>>e= b**a                      # 指数运算符（**）计算幂
>>>e
78125
>>>a%b
2
```

复数由两个浮点数表示。用 j 运算符来表示复数的虚部，可以分别使用 f.real 和 f.imag 访问实部和虚部。复数通常用于科学计算，Python 支持对复数进行加、减、乘、幂和共轭等运算，代码如下：

```
>>> f=3+5j
>>>print(f, "is of type", type(f))
(3+5j) is of type <class 'complex'>
>>>f.real
3.0
>>>f.imag
5.0
>>>f*2                          # 乘法运算
(6+10j)
>>>f+3                          # 加法运算
(6+5j)
>>>f-1                          # 减法运算
(2+5j)
```

在 Python 中，bool 类型用真值表示，也就是 True 和 False，类似于 0 和 1。Python 中 bool 类型返回 True 或 False。布尔值可以与逻辑运算符如 and、or 和 not 组合，代码如下：

```
>>>bool(2)
True
>>>bool(-2)
```

```
True
>>>bool(0)
False
```

布尔运算返回 True 或 False。布尔运算按优先级排序，如果表达式中出现多个布尔运算，将首先执行优先级最高的操作。表 2-2 按优先级降序列出了三种布尔运算符。

表2-2　布尔运算优先级

运算符	例　子
not x	如果 x 为真则返回 False，如果 x 为假则返回 True
x and y	如果 x 和 y 都为真则返回 True，否则返回 False
x and y	如果 x 或 y 为真，则返回 True，否则返回 False

Python 在计算布尔表达式时非常高效，因为它只会在需要时计算运算符。例如，如果表达式 x or y 中的 x 为真，则不需要求值 y，因为表达式无论如何都为真——这就是为什么在 Python 中 y 不被求值的原因。类似地，在表达式 x and y 中，如果 x 为 False，解释器将简单地计算 x 并返回 False，而不计算 y。

比较运算符（<、<=、>、>=、== 和 !=）用于数字、列表和其他集合对象，如果条件保持，则返回 True。对于集合对象，比较运算符比较元素的个数，如果每个集合对象在结构上是等价的，并且每个元素的值都是相同的，则等效运算符（==）返回 True。看一个例子，代码如下：

```
>>>See_boolean = (4 * 3 > 10) and (6 + 5 >= 11)
>>>print(See_boolean)
True
>>>if (See_boolean):
...        print("Boolean expression returned True")
  else:
...        print("Boolean expression returned False")
...
Boolean expression returned True
```

2.4　错误的表示

应该注意的是，浮点数的双精度表示会产生某些意想不到的结果。例如以下情况：

```
>>> 1-0.9
0.09999999999999998
>>>1-0.9==.1
False
```

这是由于大多数十进制小数不能用二进制小数精确表示的结果，而二进制小数是大多数底层硬件表示浮点数的方式。对于可能存在这个问题的算法或应用程序，Python 提供了一个十进制模块。此模块允许精确表示十进制数字，便于更好地控制属性，如舍入行为、有效数字的数量和精度。它定义了两个对象，一个小数类型表示小数，另一个上下文类型表示各种计算参数，如精度、舍入和错误处理。下面是使用示例：

```
>>> import decimal
>>> x=decimal.Decimal(3.14)
>>> y=decimal.Decimal(2.74)
>>> x*y
Decimal('8.603600000000001010036498883')
>>> decimal.getcontext().prec=4
>>> x*y
Decimal('8.604')
```

这里已经创建了一个全局上下文，并将精度设置为 4。对待 Decimal 对象的方式与对待 int 或 float 的方式差不多。它们适用于所有相同的数学运算，可以用作字典键放置在集合中等。此外，十进制对象还有几种用于数学运算的方法，如自然指数 x.exp()，自然对数 x.ln ()，以 10 为底的对数 x.log10()。

Python 还有一个实现有理数类型的 fractions 模块。下面的例子展示了几种创建分数的方法：

```
>>> import fractions
>>> fractions.Fraction(3,4)
Fraction(3, 4)
>>> fractions.Fraction(0.5)
Fraction(1, 2)
>>> fractions.Fraction("0.25")
Fraction(1, 4)
```

值得一提的是，NumPy 扩展具有用于数学对象的类型，如数组、向量和矩阵，以及用于线性代数、傅里叶变换计算、特征向量、逻辑运算等的功能。

2.5　成员、标识和逻辑操作

成员操作符（in 和 not in）测试序列中的变量，如列表或字符串，并执行预期的操作。如果在 y 中找到 x 变量，则 x in y 返回 True。is 操作符用于比较对象标识。例如，下面的代码片段显示了与对象标识的比较：

```
>>> x=[1,2,3]
>>> y=[1,2,3]
>>> x==y                        # 测试等效性
True
>>> x is y                      # 比较对象标识
False
```

```
>>> x=y                          # 赋值
>>> x is y
True
```

2.6 序 列

序列是非负整数索引的有序对象集。序列包括 string、list、tuple 和 range 对象。列表（list）和元组（tuple）是任意对象的序列，而字符串（string）是字符的序列。然而，string、tuple 和 range 对象是不可变的，而 list 对象是可变的，所有序列类型都有许多共同的操作。注意，对于不可变类型，任何操作都仅返回一个值，而不是实际改变该值。

对于所有序列，索引和切片操作符都适用于第 1 章所述的方法。字符串和列表数据类型在第 1 章中进行了详细介绍。这里提供了一些重要的方法和操作，这些方法和操作对所有的序列类型（string、list、tuple 和 range 对象）都是通用的。

所有序列都有如表 2-3 所列的方法。

表2-3　序列的方法

方　　法	描　　述
len(s)	返回 s 中的元素个数
min(s,[,default=obj,key=func])	返回 s 中的最小值（字符串按字母顺排）
max(s,[,default=obj, key=func])	返回 s 中的最大值（字符串按字母顺排）
sum(s,[,start=0])	返回元素的和（如果 s 不是数值则返回类型错误）
all(s)	如果 s 中的所有元素都为 True，返回 True（没有 0、False 或 Null）
any(s)	检查 s 中的任何项是否为真

此外，所有序列都支持的操作如表 2-4 所列。

表2-4　序列的操作

操　　作	描　　述
s+r	连接两个相同类型的序列
s*n	对 s 进行 n 次复制，其中 n 是整数
v1,v2,...,vn=s	将 n 个变量从 s 解包到 v1, v2, 等等
s[i]	Indexing 返回 s 的第 i 元素
s[i:j:stride]	切片返回 i 和 j 之间的元素，stride 可选
x in s	如果 x 元素在 s 中，则返回 True
x not in s	如果 x 元素不在 s 中，则返回 True

请看如下所示的代码片段，它实现了列表数据类型上的一些操作：

```
>>>list()                        # 空列表
>>>list1 = [1,2,3,4]
>>>list1.append(1)               # 在列表末尾追加值 1
>>>list1
[1, 2, 3, 4, 1]
>>>list2 = list1 *2
[1, 2, 3, 4, 1, 1, 2, 3, 4, 1]
>>>min(list1)
1
>>>max(list1)
4
>>>list1.insert(0,2)             # 在索引 0 处插入值 2
>>>list1
[2, 1, 2, 3, 4, 1]
>>>list1.reverse()
>>> list1
[1, 4, 3, 2, 1, 2]
>>>list2=[11,12]
>>>list1.extend(list2)
>>> list1
[1, 4, 3, 2, 1, 2, 11, 12]
>>>sum(list1)
36
>>>len(list1)
8
>>>list1.sort()
>>>list1
[1, 1, 2, 2, 3, 4, 11, 12]
>>>list1.remove(12)              # 从列表中删除值 12
>>> list1
[1, 1, 2, 2, 3, 4, 11]
```

2.7　元　组

　　元组（tuple）是由任意对象组成的不可变序列。元组是一个以逗号分隔的值序列，通常是将它们括在圆括号中。当想在一行中设置多个变量时，或者允许函数返回不同对象的多个值时，元组非常有用。tuple 是一种有序的项序列，类似于列表数据类型。唯一的区别是元组是不可变的，因此，它们一旦被创建就不能修改，不像 list。元组以大于 0 的整数为索引。元组是可哈希的，这意味着可以对它们的列表进行排序，它们可以用作字典的键。还可以使用内置函数 tuple() 创建元组。如果没有参数，将创建一个空元组。如果 tuple() 的参数是一个序列，则会创建一个由该序列的元素组成的元组。在创建包含一个元素的元组时，一定要记住使用尾随逗号，如果没有尾随逗号，它将被解释为字符串。元组的一个重要用途是，允许我们通过将一个元组放在赋值的左边，从而，一次可以赋值给多个变量。例如：

```
>>>t= tuple()                               # 创建一个空元组
>>>type(t)
<class 'tuple'>
>>>t=('a',)                                 # 创建一个包含 1 个元素的元组
>>>t
('a',)
>>>print('type is ',type(t))
type is <class 'tuple'>
>>>tpl=('a','b','c')
>>>tpl('a', 'b', 'c')
>>>tuple('sequence')
('s', 'e', 'q', 'u', 'e', 'n', 'c', 'e')
>>> x,y,z= tpl                              # 赋值给多个变量
>>>x
'a'
>>>y
'b'
>>>z
'c'
>>>'a' in tpl                               # 测试元素是否在元组内
True
>>>'z' in tpl
False
```

大多数操作符，比如用于切片和索引的操作符，都可以像在列表上那样工作。然而，因为元组是不可变的，尝试修改元组的元素会抛出 TypeError 异常。可以像比较其他序列一样，使用 =、> 和 < 操作符来比较元组。如下面代码片段所示：

```
>>>tupl = 1, 2,3,4,5                        # 大括号可选
>>>print("tuple value at index 1 is ", tupl[1])
tuple value at index 1 is 2
>>>print("tuple[1:3] is ", tupl[1:3])
tuple[1:3] is (2, 3)
>>>tupl2 = (11, 12,13)
>>>tupl3= tupl + tupl2                      # 连接元组
>>> tupl3
(1, 2, 3, 4, 5, 11, 12, 13)
```

```
>>> tup1*2                            # 元组重复
(1, 2, 3, 4, 5, 1, 2, 3, 4, 5)
>>> 5 in tup1                         # 测试元素是否在元组内
True
>>>tup1[-1]                           # 负索引
5
>>> len(tup1)                         # 元组的长度函数
5
>>>max(tup1)
5
>>>min(tup1)
1
>>>tup1[1] =                          # 不允许在元组中进行修改
  Traceback (most recent call last):
  File "<stdin>", line 1, in <module>
TypeError: 'tuple' object does not support item assignment
>>>print (tup1== tup12)
False
>>>print (tup1>tup12)
False
```

下面这个例子有助于更好地理解元组。例如，可以使用多个赋值来交换元组中的值：

```
>>>l = ['one','two']
>>>x,y = l
('one', 'two')
>>>x,y = y,x
>>>x,y ('two', 'one')
```

2.8 从字典开始

在 Python 中，字典数据类型是最流行和最有用的数据类型之一。字典将数据存储在键 / 值对的映射中。字典主要是对象的集合，它们按数字、字符串或任何其他不可变对象进行索引。键在字典中应该是唯一的，字典中的值可以更改。Python 字典是唯一的内置映射类型，被看作从一组键到一组值的映射，它们是使用 {key:value} 语法创建的。例如，下面的代码可以用来创建一个字典，使用不同的方法将单词映射到数字：

```
>>>a= {'Monday':1,'Tuesday':2,'Wednesday':3} # 创建一个字典
>>>b =dict({'Monday':1 , 'Tuesday': 2, 'Wednesday': 3})
>>> b
{'Monday': 1, 'Tuesday': 2, 'Wednesday': 3}
>>>c= dict(zip(['Monday','Tuesday','Wednesday'], [1,2,3]))
```

```
>>>c={'Monday': 1, 'Tuesday': 2, 'Wednesday': 3}
>>>d= dict([('Monday',1), ('Tuesday',2), ('Wednesday',3)])
>>>d
{'Monday': 1, 'Tuesday': 2, 'Wednesday': 3}
```

可以添加键和值，还可以更新多个值，并使用 in 操作符测试元素是否包含在字典中，代码如下：

```
>>>d['Thursday']=4                          # 添加项
>>>d.update({'Friday':5,'Saturday':6})      # 添加多个项
>>>d
{'Monday': 1, 'Tuesday': 2, 'Wednesday': 3, 'Thursday': 4, 'Friday': 5,
'Saturday': 6}
>>>'Wednesday' in d                         # 元素包含在字典中（仅适用于键）
True
>>>5 in d                                   # 元素不包含在字典中
False
```

如果列表很长，使用 in 操作符查找列表中的元素会花费大量时间。在列表中查找元素所需的运行时间随着列表大小的增加而线性增加。然而，字典中的 in 操作符使用了一个哈希函数，这使得字典非常高效，因为查找一个元素所花费的时间与字典的大小无关。

注意，输出字典的 {key: value} 对时，它并没有按照特定的顺序执行，因为是使用指定的键来查找每个字典值，而不是像字符串和列表那样使用一个有序的整数序列：

```
>>> dict(zip('packt', range(5)))
{'p': 0, 'a': 1, 'c': 2, 'k': 3, 't': 4}
>>> a = dict(zip('packt', range(5)))
>>> len(a)                          # 字典长度
5
>>>a['c']                           # 检查键的值
2
>>>a.pop('a')
1
>>> a{'p': 0, 'c': 2, 'k': 3, 't': 4}
>>> b= a.copy()                     # 复制字典
>>> b
{'p': 0, 'c': 2, 'k': 3, 't': 4}
>>> a.keys()
dict_keys(['p', 'c', 'k', 't'])
>>> a.values()
dict_values([0, 2, 3, 4])
>>> a.items()
dict_items([('p', 0), ('c', 2), ('k', 3), ('t', 4)])
```

```
>>> a.update({'a':1})                        # 在字典中添加一项
>>>a{'p': 0, 'c': 2, 'k': 3, 't': 4, 'a': 1}
>>>a.update(a=22)                            # 更新键 a 的值
>>>a{'p': 0, 'c': 2, 'k': 3, 't': 4, 'a': 22}
```

表 2-5 包含了所有的字典方法及其描述。

表2-5 字典方法及其描述

方　　法	描　　述
len(d)	返回字典中项的总数 d
d.clear()	从字典中删除所有项 d
d.copy()	返回字典的浅复制 d
d.fromkeys(s[,value])	返回一个新的字典，其中的键来自 s 序列和
d.get(k[,v])	如果找到，返回 d[k]；否则，返回 v（如果 v 未被给出，则为 None）
d.items()	返回字典 d 的所有 key:value 对
d.keys()	返回字典中定义的所有键 d
d.pop(k[,default])	返回 d[k] 并从 d 中删除它
d.popitem()	从字典 d 中删除一个随机 key:value 对，并以元组的形式返回
d.setdefault(k[,v])	返回 d[k]。如果没有找到，则返回 v 并将 d[k] 设置为 v
d.update(b)	将 b 字典中的所有对象添加到 d 字典中
d.values()	返回 d 字典中的所有对象

应该注意的是，in 操作符在应用于字典时，与应用于列表时的工作方式略有不同。当在列表上使用 in 操作符时，查找元素所需的时间与列表大小之间是线性关系，也就是说，随着列表的大小变化，查找一个元素所需的相应时间呈对应变化。一个算法的运行时间与它的输入大小之间的关系通常被称为它的时间复杂度，这个问题将在后续章节中介绍。

与 list 对象不同的是，当将 in 操作符应用于字典时，它使用了哈希算法，查找时间几乎与字典的大小无关。这使得字典成为处理大量索引数据的一种非常有用的方法。在第 4 章和第 14 章中会介绍更多关于哈希增长率的重要话题。

2.9　字典排序

如果想对字典的键或值进行简单排序，可以这样做：

```
>>>d = {'one': 1, 'two': 2, 'three': 3, 'four': 4, 'five': 5, 'six': 6}
```

```
>>>sorted(list(d))
['five', 'four', 'one', 'six', 'three', 'two']
>>>sorted(list(d.values()))
[1, 2, 3, 4, 5, 6]
```

注意，上面代码中的第一行按字母顺序对键进行排序，第二行按整数值的顺序对值进行排序。

sorted()方法有两个可选的参数：key和reverse。key参数与字典中的键无关，而是将函数传递给排序算法以确定排序顺序的一种方式。例如，在下面的代码中，使用 __getitem__ 特殊方法根据字典值对字典键进行排序：

```
sorted(list(d), key = d.__getitem__)
['one', 'two', 'three', 'four', 'five', 'six']
```

实际上，前面的代码所做的，是对于d中的每个键都使用相应的值来排序。我们还可以根据字典中键的排序顺序对值进行排序。然而，由于字典没有通过使用键值返回键的方法，因此就相当于列表中的list.index方法，使用可选的key参数来实现这一点有点棘手。另一种方法是使用列表推导式，如下面例子所示：

```
In [7]: [value for (key, value) in sorted(d.items())]
Out[7]: [5, 4, 1, 6, 3, 2]
```

sorted()方法也有一个可选的reverse参数可以实现反转排序列表的顺序，如下面例子所示：

```
In [11]: sorted(list(d), key = d.__getitem__ , reverse=True)
Out[11]: ['six', 'five', 'four', 'three', 'two', 'one']
```

现在，假设得到下面的字典，其中英语单词作为键，法语单词作为值。我们的任务是按照正确的数字顺序放置字符串值：

```
d2={'one':'uno','two':'deux','three':'trois','four':'quatre','five':'cinq',
'six':'six'}
d1
```

当然，当输出这个字典时，它不太可能以正确的顺序输出。因为所有的键和值都是字符串，所以没有用于数字排序的上下文。为了将这些条目按正确的顺序排列，需要使用我们创建的第一个字典，将单词映射到数字，以将英语字典排序为法语字典：

```
In [16]: [d2[i] for i in sorted(d2, key=d.__getitem__)]
Out[16]: ['uno', 'deux', 'trois', 'quatre', 'cinq', 'six']
```

注意，我们使用第一个字典d的值来对第二个字典d2的键进行排序。由于这两个字典中的键值是相同的，所以可以使用列表推导式来对法语到英语字典的值进行排序：

```
In [16]: [d2[i] for i in sorted(d2, key=d.__getitem__)]
Out[16]: ['uno', 'deux', 'trois', 'quatre', 'cinq', 'six']
```

当然，还可以定义自己的自定义方法，我们可以使用它作为排序方法的 Key 参数。例如，这里定义了一个函数，它只返回字符串的最后一个字母：

```
def corder(string):
    return (string[len(string)-1])
```

然后，使用它作为已排序函数的键，按每个元素的最后一个字母排序：

```
sorted(d2.values(), key=corder)
['quatre', 'uno', 'cinq', 'trois', 'deux', 'six']
```

2.10 文本分析字典

字典的常见用法是计算序列中相似项的出现次数，一个典型的例子是计算文本正文中单词的出现次数。下面的代码创建了一个字典，文本中的每个单词都用作键，出现的次数作为它的值，使用了嵌套循环常见的用法。这里，使用它在外部循环中遍历文件中的行，在内部循环中遍历字典中的键：

```
def wordcount(fname):
    try:
        fhand=open(fname)
    except:
        print('File can not be opened')
        exit()
    count=dict()
    for line in fhand:
        words=line.split()
        for word in words:
            if word not in count:
                count[word]=1
            else:
                count[word]+=1
    return(count)
```

这将返回一个字典，其中每个元素对应文本文件中的每个单词。一个常见的任务是将这些元素筛选到我们感兴趣的子集中。需要在运行代码时将一个文本文件保存在同一个目录中。这里，用了 alice.txt：爱丽丝梦游仙境（*Alice in Wonder land*）的一小段节选。要获得相同的结果，可以从 davejulian.net/bo5630 下载 alice.txt，或者使用自己的文本文件。在下面的代码中，创建了另一个字典过滤器包含 count 项的子集：

```
count=wordcount('alice.txt')
filtered={key: value for key, value in count.items() if value <20 and
value>16 }
```

输出过滤后的字典，得到以下结果：

```
{'once': 18, 'eyes': 18, 'There': 19, 'this,': 17, 'before': 19, 'take':
18, 'tried': 18, 'even': 17, 'things': 19, 'sort': 17, 'her,': 18, '`And':
17, 'sat': 17, '`But': 19, "it,'": 18, 'cried': 18, '`Oh,': 19, 'and,': 19,
"`I'm": 19, 'voice': 17, 'being': 19, 'till': 19, 'Mouse': 17, '`but': 19,
'Queen,': 17}
```

请注意过滤后的字典的用法。字典的工作方式与我们在第 1 章中看到的列表的工作方式相同。

2.11 集 合

集合（set）是唯一关于元素的无序集合。集合是可变的，即可以在其中添加或删除元素，然而，元素本身是不可变的，集合的一个重要特征是不能包含重复的元素。集合通常用于执行数学运算，如交、并、差和补运算。

与序列类型不同，set 类型不提供任何索引或切片操作。Python 中有两种类型的 set 对象：可变的 set 对象和不可变的 frozenset 对象。集合是用花括号中的逗号分隔值创建的。但是，不能使用 a={} 创建空集合，因为这将创建一个字典。要创建空集合，可以通过写入 a=set() 或 a=frozenset() 实现。

集合的方法与操作如表 2-6 所列。

表2-6 集合的方法与操作

方 法	描 述
len(a)	提供 a 集合中元素的总数
a.copy()	提供了 a 集合的另一个副本
a.difference(t)	提供一组在 a 集合中但不在 t 集合中的元素（差集）
a.intersection(t)	提供一组同时位于 a 和 t 集合中的元素（交集）
a.isdisjoint(t)	如果 a 和 t 集合中没有共同的元素，则返回 True
a.issubset(t)	如果 a 集合的所有元素也在 t 集合中，则返回 True
a.issuperset(t)	如果 t 集合的所有元素都在 a 集合中，则返回 True
a.symmetric_difference(t)	返回 a 或 t 集合中的一组元素，但不是两者都有（对称差集）
a.union(t)	返回 a 或 t 集合中的一组元素（并集）

在表 2–6 中，t 集合中的元素可以是任何支持迭代的 Python 对象，set 和 frozenset 对象都可以使用所有方法。这些方法的操作符版本要求它们的实参是集合的，而方法本身可以接收任何可迭代类型。例如，s=[1,2,3] 对于任何 s 集合，都会生成不支持的操作数类型。使用等效的 s.difference([1,2,3]) 将返回一个结果。

可变的 set 对象的其他方法如表 2–7 所列。

表2–7　可变的set对象的其他方法

方　　法	描　　述
s.add(item)	向 s 集合添加元素，如果元素已经添加，则不进行任何操作
s.clear()	从 s 集合中删除所有元素
s.difference_update(t)	从 s 集合中移除同样在 t 集合中的元素
s.discard(item)	从 s 集合中移除元素
s.intersection_update(t)	从 s 集合中移除不在 s 集合和 t 集合中的元素
s.pop()	返回 s 集合中的任意元素，并将其从 s 集合中移除
s.remove(item)	从 s 集合中删除指定元素
s.symetric_difference_update(t)	删除 s 集合中不属于 s 集合和 t 集合的对称差集的所有元素
s.update(t)	将可迭代对象 t 中的所有元素附加到 s 集合中

下面的例子展示了添加、删除、丢弃和移除操作：

```
>>>s1 = set()
>>>s1.add(1)
>>>s1.add(2)
>>>s1.add(3)
>>>s1.add(4)
>>>s1
{1, 2, 3, 4}
>>>s1.remove(4)
>>>s1
{1, 2, 3}
>>>s1.discard(3)
>>>s1
{1, 2}
>>>s1.clear()
>>>s1
set()
```

下面的例子演示了一些简单的 set 操作及其结果：

```
In [1]: s1={'ab',3,4,(5,6)}

In [2]: s2={'ab',7,(7,6)}

In [3]: s1-s2 # same as s1.difference(s2)
Out[3]: {(5, 6), 3, 4}

In [4]: s1.intersection(s2)
Out[4]: {'ab'}

In [5]: s1.union(s2)
Out[5]: {3, 4, 'ab', 7, (5, 6), (7, 6)}
```

注意，set 对象并不关心它的成员是否都是同一类型的，只要它们都是不可变的。如果尝试在集合中使用列表或字典等可变对象，则会收到不可散列类型错误。可散列类型都具有在实例的整个生命周期内不会更改的散列值。所有内置的不可变类型都是可哈希的，所有内置的可变类型都是不可散列的，因此它们不能用作集合的元素或字典的键。

注意，在前面的代码中，当输出 s1 和 s2 的并集时，只有一个值为 ab 的元素。这是集合的一个自然属性，因为它们不包含重复项。

除了这些内置方法之外，还可以对 set 执行许多其他操作。例如，要测试一个集合的成员关系，可以使用以下方法：

```
In [6]: 'ab' in s1
Out[6]: True

In [7]: 'ab' not in s1
Out[7]: False
```

可以使用以下方法循环遍历集合中的元素：

```
In [8]: for element in s1: print(element)
(5, 6)
ab
3
4
```

不可变的集合

Python 有一个名为 frozenset 的不可变集合类型。除了不允许更改值的方法或操作（如 add() 或 clear() 方法）之外，它的工作原理与 set 非常相似。有几种方法可以使这种不可变性发挥作用。

例如，普通集合是可变的，因此不可散列，它们不能用作其他集合的成员。另一方面，frozenset 是不可变的，因此可以用作 set 的成员：

```
In [26]: s1.add(s2)
Traceback (most recent call last):

  File "<ipython-input-26-05d7ba45d78a>", line 1, in <module>
    s1.add(s2)

TypeError: unhashable type: 'set'

In [27]: s1.add(frozenset(s2))

In [28]: s1
Out[28]: {(5, 6), 'ab', 3, 4, frozenset({(7, 6), 'ab', 7})}
```

此外，frozenset 的不可变性意味着可以将其用于字典的键，如下面的示例所示：

```
In [38]: fs1 = frozenset(s1)

In [39]: fs2 = frozenset(s2)

In [40]: {fs1: 'fs1' , fs2: 'fs2'}
Out[40]: {frozenset({(7, 6), 'ab', 7}): 'fs2', frozenset({(5, 6), 'ab', 3, 4}): 'fs1'}
```

2.12 用于数据结构与算法的模块

除了内置类型之外，还可以使用几个 Python 模块来扩展内置类型和函数。在许多情况下，这些 Python 模块可以提高编程效率，简化程序代码。

到目前为止，我们已经研究了字符串、列表、集合和字典的内置数据类型，以及 decimal 和 fraction 模块。它们通常用术语"抽象数据类型（ADT）"来描述。ADT 可以被认为是一组可以对数据执行操作的数学规范，由它们的行为定义，而不是它们的实现。除了已经看到的 ADT 之外，接下来将介绍一些 Python 库提供的内置数据类型的扩展问题。

collections 模块

collections 模块为内置数据类型提供了专业、高性能的替代方案，以及用于创建命名元组（namedtuple）的实用程序函数。工具类 collections 模块的数据类型和操作及其描述如表 2-8 所列。

表2-8 collections模块的数据类型和操作及其描述

数据类型和操作	描　　述
namedtuple()	创建具有命名字段的元组子类
deque	两端都带有快速追加和弹出的队列
ChainMap	用类来创建多个映射的单个视图
Counter	用于计算可哈希对象的字典子类
OrderedDict	保持元素顺序的字典子类

数据类型和操作	描　述
defaultdict	调用函数来提供缺少的值的字典子类
UserDict 、UserList、UserString	这三种数据类型只是它们的底层基类的包装器。它们的使用在很大程度上已经被直接子类化它们各自基类的能力所取代。可用于访问基础对象作为属性

1.deque

deque（双端队列）是类列表的对象，支持线程安全、节省内存。deque 是可变的，并且支持列表的一些操作，比如索引。deque 可以通过索引来赋值，如"dq[1] = z;"，然而，不能直接对 deque 进行切片。例如，dq[1：2] 会导致 TypeError（后面会介绍从 deque 容器中返回一个切片作为列表的方法）。

与 list 相比，deque 的主要优点是在 deque 容器的开头插入项，要比在 list 容器的开头插入项快得多，尽管在 deque 容器的结尾插入项，要比在 list 容器的等价操作慢得多。deque 的线程是安全的，可以使用 pickle 模块进行序列化。

deque 的一种有用方法是移入和移出项。

deque 中的项通常从两端依次移入和移出，如下所示：

```
In [18]: from collections import deque
In [19]: dq = deque('abc') #creates deque(['a','b','c'])
In [20]: dq.append('d') #adds the value 'd' to the right
In [21]: dq.appendleft('z') #adds the value 'z' to the left
In [22]: dq.extend('efg') #adds multiple items to the right
In [23]: dq.extendleft('yxw') #adds multiple items to the left
In [24]: dq
Out[24]: deque(['w', 'x', 'y', 'z', 'a', 'b', 'c', 'd', 'e', 'f', 'g'])
```

可以使用 pop() 和 popleft() 方法从 deque 容器中移出项，如下所示：

```
In [25]: dq.pop() #returns and removes an item from the right
Out[25]: 'g'

In [26]: dq.popleft() #returns and removes an item from the left
Out[26]: 'w'

In [27]: dq
Out[27]: deque(['x', 'y', 'z', 'a', 'b', 'c', 'd', 'e', 'f'])
```

也可以使用 rotate(n) 方法将 n 步中的所有项向右移动并旋转，使 n 个整数的正值或 n 步中的负数向左移动，使用正整数作为参数，如下所示：

```
In [45]: dq.rotate(2) #rotates all items 2 steps to the right

In [46]: dq
Out[46]: deque(['e', 'f', 'x', 'y', 'z', 'a', 'b', 'c', 'd'])

In [47]: dq.rotate(-2) #rotates all items 2 steps to the left

In [48]: dq
Out[48]: deque(['x', 'y', 'z', 'a', 'b', 'c', 'd', 'e', 'f'])
```

注意，可以使用 rotate() 和 pop() 方法来删除选中的元素。同时，还有一种简单的方法可以返回 deque 容器的一个切片，它是一个列表，如下所示：

```
In [14]: dq
Out[14]: deque(['x', 'y', 'z', 'a', 'b', 'c', 'd', 'e', 'f'])

In [15]: list(itertools.islice(dq,3,9))
Out[15]: ['a', 'b', 'c', 'd', 'e', 'f']
```

itertools.islice() 方法的工作方式与 slice 处理列表的方式大致相同，不同之处是它接收一个可迭代对象，并通过开始和停止索引作为列表返回所选值，而不是接收一个列表作为参数。

deque 队列的一个有用特性是，它们支持 maxlen 可选参数来限制 deque 队列的大小，这使得它非常适合于循环缓冲区的数据结构。这是一个固定大小的结构，有效的端到端连接通常用于缓冲数据流。下面是一个基本的例子：

```
dq2=deque([],maxlen=3)
for i in range(6):
    dq2.append(i)
    print(dq2)
```

输出的内容如下：

```
deque([0], maxlen=3)
deque([0, 1], maxlen=3)
deque([0, 1, 2], maxlen=3)
deque([1, 2, 3], maxlen=3)
deque([2, 3, 4], maxlen=3)
deque([3, 4, 5], maxlen=3)
```

本例中，数据从右移入，从左移出。注意，一旦缓冲区被填满，最旧的数据首先被移出，然后从右边开始移入。在第 4 章中实现循环列表时会再次介绍循环缓冲区。

2.ChainMap

collections.chainmap 类是在 Python 3.2 中添加的，它提供了一种可连接许多字典或其他映射的方法，这样它们就可以被视为一个对象。此外，还有一个 map 属性、一个 new_child() 方法和一个 parents 属性。ChainMap 的底层映射存储在一个列表中，可以使用 maps[i] 属性来检索第 i 个字典。注意，尽管字典本身是无序的，但 ChainMap 是有序的字典列表。

ChainMap 在我们使用的许多包含相关数据的字典应用程序中很有用。用户程序希望根据优先级获得，如果两个字典中的相同键出现在基础列表的开头，那么它将被赋予优先级。

ChainMap 通常用于模拟嵌套上下文，比如当有多个覆盖配置设置时。下面的例子演示了 ChainMap 的一个可能的实例：

```
>>>import collections
>>>dict1= {'a':1, 'b':2, 'c':3}
>>>dict2 = {'d':4, 'e':5}
>>>chainmap = collections.ChainMap(dict1, dict2)  # 连接两个字典
>>>chainmap
ChainMap({'a': 1, 'b': 2, 'c': 3}, {'d': 4, 'e': 5})
>>> chainmap.maps
[{'a': 1, 'b': 2, 'c': 3}, {'d': 4, 'e': 5}]
>>> chainmap.values
<bound method Mapping.values of ChainMap({'a': 1, 'b': 2, 'c': 3}, {'d': 4,
'e': 5})
>>>> chainmap['b']                              # 获取值
2
>>>chainmap['e']
5
```

使用 ChainMap，不仅具有字典的优点，而且添加子上下文会覆盖相同键的值，但不会将其从数据结构中删除。当我们需要保存更改记录，以便能够轻松地返回到以前的设置时，可能会有用。

通过为 map() 方法提供适当的索引，我们可以检索和更改任何字典中的任何值。这个索引代表了 ChainMap 中的一个字典。同样，可以通过使用 parents() 方法获取父设置，也就是默认设置：

```
>>>from collections import ChainMap
>>>defaults= {'theme':'Default','language':'eng','showIndex':True,
'showFooter':True}
>>> cm= ChainMap(defaults)                      # 使用默认配置创建链映射
>>>cm.maps[{'theme': 'Default', 'language': 'eng', 'showIndex': True,
'showFooter': True}]
>>>cm.values()
ValuesView(ChainMap({'theme': 'Default', 'language': 'eng',
'showIndex':True, 'showFooter': True}))
>>>cm2= cm.new_child({'theme':'bluesky'})
# 创建一个新的链映射，其中包含覆盖父对象的子对象.
>>>cm2['theme']                                 # 返回覆盖的值 bluesky
>>>cm2.pop('theme')                             # 删除子元素的值
'bluesky'
>>>cm2['theme']
'Default'
>>>cm2.maps[{}, {'theme': 'Default', 'language': 'eng', 'showIndex': True,
```

```
'showFooter': True}]
   >>>cm2.parents
   ChainMap({'theme': 'Default', 'language': 'eng', 'showIndex':
True,'showFooter': True})
```

3.Counter

Counter（计数器）是一个字典的子类，其中每个字典键都是一个可哈希对象，相关值是该对象的整数计数。有三种方法来初始化 Counter。我们可以传递给它任何序列对象，如一个 key:value 对的字典，或者一个格式为 (object=value, ...) 的元组，如下面例子所示：

```
>>>from collections import Counter
>>>Counter('anysequence')
Counter({'e': 3, 'n': 2, 'a': 1, 'y': 1, 's': 1, 'q': 1, 'u': 1, 'c': 1})
>>>c1 = Counter('anysequence')
>>>c2= Counter({'a':1, 'c': 1, 'e':3})
>>>c3= Counter(a=1, c= 1, e=3)
>>>c1
Counter({'e': 3, 'n': 2, 'a': 1, 'y': 1, 's': 1, 'q': 1, 'u': 1, 'c': 1})
>>> c2
Counter({'e': 3, 'a': 1, 'c': 1})
>>> c3
Counter({'e': 3, 'a': 1, 'c': 1})
```

我们还可以创建一个空 Counter，并通过向其更新方法传递一个可迭代对象或字典来填充它。请注意 update 方法是如何添加计数的而不是用新值替换它们。一旦填充了 Counter，就可以像访问字典一样访问存储的值，如下面例子所示：

```
>>>from collections import Counter
>>>ct = Counter()                    # 创建空的 Counter
>>>ct
Counter()
>>>ct.update('abca')                  # 填充对象
>>>ct
Counter({'a': 2, 'b': 1, 'c': 1})
>>>ct.update({'a':3})                 # 更新 a 的计数

>>>ct
Counter({'a': 5, 'b': 1, 'c': 1})
>>> for item in ct:
  ...print('%s: %d' % (item, ct[item]))
  ...
a: 5
b: 1
c: 1
```

Counter 和 dictionary 之间最显著的区别是,Counter 为丢失的项返回零计数,而不是引发键错误。可以使用 Counter 的 elements() 方法创建迭代器。这将返回一个迭代器,其中不包括低于 1 的计数,并且也不保证顺序。在下面的代码中,我们执行一些更新,从 Counter 元素创建一个迭代器,并使用 sorted() 按字母顺序对键进行排序:

```
>>> ct
Counter({'a': 5, 'b': 1, 'c': 1})
>>>ct['x']
0
>>>ct.update({'a':-3, 'b':-2, 'e':2})
>>>ct
Counter({'a': 2, 'e': 2, 'c': 1, 'b': -1})
>>>sorted(ct.elements()) ['a', 'a', 'c', 'e', 'e']
```

另外两个值得一提的 Counter 方法是 most_common() 和 subtract()。最常见的方法采用一个正整数参数,该参数确定要返回的最常见元素的数量。元素作为 (key,value) 元组列表返回。

减法的工作方式与 update 完全相同,不同的是,它不是添加值,而是减去值,如下面例子所示:

```
>>> ct.most_common()
[('a', 2), ('e', 2), ('c', 1), ('b', -1)]
>>>ct.subtract({'e':2})
>>>ct
Counter({'a': 2, 'c': 1, 'e': 0, 'b': -1})
```

4.OrderedDict

关于 OrderedDict(有序字典)的重要一点是,它们记住了插入顺序,因此对它们进行迭代时,它们会按照插入的顺序返回值。这与普通字典相反,普通字典的顺序是任意的。当测试两个字典是否相等时,这个相等仅基于它们的键和值;然而,对于 OrderedDict,插入顺序也被认为是具有相同键和值的两个 OrderedDict 之间的相等测试,但不同的插入顺序将返回 False,如下所示:

```
>>>import collections
>>>od1= collections.OrderedDict()
>>>od1['one'] = 1
>>>od1['two'] = 2
>>>od2 = collections.OrderedDict()
>>>od2['two'] = 2
>>>od2['one'] = 1
>>>od1==od2
False
```

类似地,当使用 update 从列表中添加值时,OrderedDict 将保持与列表相同的顺序。这是迭代值时返回的顺序,如下面例子所示:

```
>>>kvs = [('three',3), ('four',4), ('five',5)]
>>>od1.update(kvs)
>>>od1
OrderedDict([('one', 1), ('two', 2), ('three', 3), ('four', 4), ('five',
5)])
>>> for k, v in od1.items(): print(k, v)
...
one 1
two 2
three 3
four 4
five 5
```

OrderedDict 通常与 sorted 方法一起使用，以创建有序字典，我们使用 Lambda 函数对值进行排序，使用数值表达式对整数值进行排序，如下面的例子所示：

```
>>>od3 = collections.OrderedDict(sorted(od1.items(), key= lambda t :
(4*t[1])- t[1]**2))
>>>od3
OrderedDict([('five', 5), ('four', 4), ('one', 1), ('three', 3), ('two',
2)])
>>>od3.values()
odict_values([5, 4, 1, 3, 2])
```

5.defaultdict

defaultdict 是 dict 的子类，因此它们共享方法和操作，是一种很方便的初始化字典的方式。使用 dict，当试图访问字典中不存在的键时，Python 将抛出 KeyError（键错误）。defaultdict 覆盖了一个 missing（key）方法，并创建了一个新的实例变量 default_factory。使用 defaultdict，它将运行作为 default_factory 参数提供的函数，而不是抛出错误，该参数将生成一个值。defaultdict 的一个简单用法是将 default_factory 设置为 int，并使用它来快速记录字典中项目的计数，如下例所示：

```
>>>from collections import defaultdict
>>>dd = defaultdict(int)
>>>words = str.split('red blue green red yellow blue red green green red')
>>>for word in words: dd[word] +=1
...
>>> dd
defaultdict(<class 'int'>, {'red': 4, 'blue': 2, 'green': 3, 'yellow': 1})
```

可以看到，如果在普通字典中这样做，当添加第一个键时，将得到一个键错误。我们提供给 defaultdict 作为参数的 int 实际上是 int() 函数，它只返回一个 0。

当然，我们可以创建一个函数来确定字典的值。例如，下面的函数如果提供的参数是主颜色，即红色、绿色或蓝色，则返回 True，否则返回 False：

```
def isprimary(c):
    if (c=='red') or (c=='blue') or (c=='green'):
        return True
    else:
        return False
```

6.namedtuple

namedtuple（命名元组）方法返回一个类元组对象，该对象的字段可以通过命名索引访问，也可以通过普通元组的整数索引访问。这使得代码在一定程度上可以自文档化，可读性也更高。在拥有大量元组的应用程序中，它尤其有用，可以轻松地跟踪每个元组表示什么。此外，namedtuple 继承了 tuple 的方法，它与 tuple 向后兼容。

字段名作为逗号和或空格分隔的值传递给 namedtuple 方法，也可以作为字符串序列传递。字段名是单个字符串，可以是任何不以数字或下划线开头的合法 Python 标识符。一个典型的例子如下：

```
>>>from collections import namedtuple
>>>space = namedtuple('space', 'x y z')
>>>s1= space(x=2.0, y=4.0, z=10)        # 也可以使用 space(2.0,4.0,10)
>>>s1
space(x=2.0, y=4.0, z=10)
>>> s1.x * s1.y * s1.z                   # 计算数值
80.0
```

除了继承的元组方法之外，命名元组还定义了自己的三个方法：_make、_asdict 和 _replace。这些方法以下划线开头，以防止与字段名发生潜在冲突。_make 方法接收一个可迭代对象作为参数，并将其转换为一个命名元组对象，如下面的示例所示：

```
>>>sl = [4,5,6]
>>>space._make(sl)
space(x=4, y=5, z=6)
>>>s1._1
4
```

_asdict 方法返回一个 OrderedDict 对象，其中字段名映射到索引键，值映射到字典值。_replace 方法返回一个元组的新实例，替换指定的值。此外，_fields 方法返回列出字段名称的字符串元组。_fields_defaults 方法提供了从字典字段名到默认值的映射。如下面的代码片段所示：

```
>>> s1._asdict()
OrderedDict([('x', 3), ('_1', 4), ('z', 5)])
>>>s1._replace(x=7, z=9)
space2(x=7, _1=4, z=9)
>>>space._fields
('x', 'y', 'z')
>>>space._fields_defaults
{}
```

7.array

array 模块定义了一个数据类型的类似于 list 数据类型数组，除了它们的内容必须是底层表示的单一类型的约束之外，这是由机器架构或底层 C 实现决定的。

数组的类型是在创建时确定的，它由表 2-9 所列的类型代码之一表示。

表2-9 类型代码

代 码	类型（CType）	原型（Python type）	最少字节
'b'	signedchar	int	1
'B'	unsignedchar	int	1
'u'	Py_UNICODE	Unicodecharacter	2
'h'	signedshort	int	2
'H'	unsignedshort	int	2
'i'	signedint	int	2
'I'	unsignedint	int	2
'l'	signedlong	int	4
'L'	unsignedlong	int	8
'q'	signedlonglong	int	8
'Q'	unsignedlonglong	int	8
'f'	float	float	4
'd'	double	float	8

array 对象的属性或方法及其描述如表 2-10 所列。

表2-10 array对象的属性或方法及其描述

属性或方法	描 述
a.itemsize	一个数组项的大小，以字节为单位
a.append(x)	在数组的末尾添加一个 x 元素
a.buffer_info()	返回一个元组，其中包含用于存储数组的当前内存位置和缓冲区的长度
a.byteswap()	交换数组中每一项的字节顺序
a.count(x)	返回数组中 x 出现的次数
a.extend(b)	将可迭代对象 b 中的所有元素添加到数组 a 的末尾
a.frombytes(s)	从 s 字符串中添加元素，该字符串是一个机器码数组
a.fromfile(f,n)	从文件中读取 n 个机器码，并将它们追加到数组的末尾
a.fromlist(l)	将 l 列表中的所有元素添加到数组中
a.fromunicode(s)	使用 Unicode 字符串 s 扩展 utf-8 类型的数组

属性或方法	描　　述
index(x)	返回 x 元素的第一个（最小的）索引
a.insert(i,x)	在数组的第 i 个索引位置插入一个值为 x 的项
a.pop([i])	返回下标 i 处的项，并将其从数组中移除
a.remove(x)	从数组中移除第一个出现的 x 项
a.reverse()	反转数组中元素的顺序
a.tofile(f)	将所有元素写入 f 文件对象
a.tolist()	将数组转换为列表
a.tounicode()	将 u 类型的数组转换为 Unicode 字符串

数组对象支持所有常规的序列操作，如索引、切片、连接和乘法。

与列表不同，使用数组存储相同类型的数据是一种更有效的方法。我们创建一个由 0 到 100 万减 1 的数字组成的整数数组，以及一个相同的列表。在一个整数数组中存储 100 万个整数大约需要一个等价列表的 90% 的内存，代码如下所示：

```
>>>import array
>>>ba = array.array('i', range(10**6))
>>>bl = list(range(10**6))
>>>import sys
>>>100*sys.getsizeof(ba)/sys.getsizeof(bl)
90.92989871246161
```

因为我们关注的是节省空间，也就是说，我们处理的是大型数据集而且内存大小有限，所以通常对数组执行就地操作，只在需要时创建副本。通常，enumerate 用于对每个元素执行操作。在后面章节的代码数组中，执行向数组中的每个项添加一个的简单操作。

应该注意的是，当对创建列表的数组执行操作时，比如列表推导式，首先使用数组所带来的内存效率收益将被抵消。当需要创建一个新的数据对象时，可以使用生成器表达式来执行操作。

使用此模块创建的数组不适合需要 vector 操作矩阵的工作。在第 3 章中，将构建自己的抽象数据类型来处理这些操作。NumPy 扩展对于数值工作也很重要，可以从下面网站获得：www.numpy.org。

2.13　小　结

前两章，我们介绍了 Python 的语言特性和数据类型，查看了内置数据类型和一些内部 Python 模块，如 collections 模块等。还有其他几个与本书主题相关的 Python 模块，如 SciPy 库。

第 3 章将介绍算法设计的基本理论和技术。

第3章 算法设计原则

我们为什么要学习算法设计？有很多原因，学习的动机很大程度上取决于环境，当然，兴趣是最重要的。算法是所有计算的基础，可以把计算机看作硬件的一部分，有硬盘驱动器、内存芯片、处理器，等等。然而，算法是最基本的组成部分，如果没有它，现代技术就不可能实现。

本章目标：

● 算法概论。

● 递归和回溯。

● 大 O 符号。

技术要求：

需要用 Python 安装 matplotlib 库来绘制本章的图标。该库可通过终端运行以下命令安装在 Ubuntu/Linux 上：

python3 —mpip install matplotlib

还可以使用以下命令：

sudo apt—get install python3—matplotlib

3.1 算法概论

以图灵机形式出现的算法的理论基础，是在数字逻辑电路实现图灵机之前的几十年建立起来的。图灵机本质上是一个数学模型，它使用一组预定义的规则，将一组输入转换为一组输出。图灵机的第一个实现是机械的，后来被数字逻辑电路、量子电路或类似的东西取代。无论哪种平台，算法都扮演着核心的角色。

另一方面，算法对技术创新也有着重要的影响。举一个明显的例子：页面排名搜索算法，谷歌搜索引擎就是基于它的一个变体。使用这种算法和类似的算法，研究人员、科学家、技术人员和其他人可以非常快速地在大量信息中进行搜索。这对新研究的开展、发现和创新技术的发展有着巨大的影响。算法是一组执行特定任务的顺序指令，这可以把一个复杂的问题分解成多个小的问题，为执行一个大问题准备简单的步骤——这是算法最重要的部分。一个好的算法是一个程序解决特定问题的关键。算法的研究也很重要，它可以训练我们对问题进行非常具体的思考。通过隔离问题的组件并定义这些组件之间的关系，它可以帮助我们提高解决问题的能力。综上所述，研究算法有以下几个重要原因：

- 对于计算机科学和智能系统是必不可少的。
- 在许多领域（计算生物学、经济学、生态学、通信、物理学等）也很重要。
- 在技术创新中发挥着重要作用。
- 可以提高解决问题的能力和分析思维。

要解决一个给定的问题，主要考虑两个方面：首先，需要一种有效的机制来存储、管理和检索数据，这对于解决一个问题很重要（这属于数据结构）；其次，需要一个有效的算法，它是一个有限的指令集。因此，研究数据结构与算法是利用计算机程序解决问题的关键。一个有效的算法应该具备以下特点：

- 越具体越好。
- 正确地定义每个指令。
- 不应该有任何模棱两可的指令。
- 算法的所有指令都应该在有限的时间和有限的步骤中执行。
- 应该有明确的投入和产出来解决问题。

算法的每一条指令在解决给定问题时都应该是重要的算法，在最简单的形式中，只是一系列动作，即指令。它可能只是一个线性结构，先执行 x，接着执行 y，然后执行 z，执行后结束，我们在执行 x 和执行 y 之间添加语句；在 Python 中，这些是 if-else 语句。在这里，未来的行动路线取决于某些条件，比如数据结构的状态，为此补充了 operation、iteration、while 和 for 语句。为扩展相关算法知识，添加了递归，递归通常可以得到与迭代相同的结果，但它们本质上是不同的。递归函数调用自身，将相同的函数应用到逐渐变小的输入，任何递归步骤的输入都是前一个递归步骤的输出。

算法设计范例

一般来说，有三种应用广泛的算法设计方法，分别是：
- 分治法。
- 贪心算法。
- 动态规划。

顾名思义，分治法就是分而治之，是将一个问题分解成更小的简单子问题，然后解决这些子问题，最后结合结果获得全局最优解。这是一种常见的和自然的问题解决技术，是算法设计中最常用的方法。例如，归并排序是一种对 n 个自然数递增排序的算法。

在该算法中，将列表等分，直到每个子列表只包含一个元素，然后将这些子列表组合起来，以排好的顺序创建一个新的列表，在后面章节会更详细地介绍归并排序。

分治法的算法范例如下：
- 二分查找。
- 归并排序。
- 快速排序。
- 快速乘法的 Karatsuba 算法。

● Strassen 矩阵乘法。
● 最近点对。

贪心算法通常涉及优化和组合问题。在贪心算法中，目标是在每一步中从许多可能的解中获得最优解，并试图得到局部最优解，最终使我们获得整体最优解。通常，贪心算法用于优化问题。下面是一些流行的标准问题，我们可以使用贪心算法来获得最优解：

● Kruskal 最小生成树。
● 迪杰斯特拉（Dijkstra's）最短路径。
● 背包问题（Knapsack）。
● 普里姆（Prim's）最小生成树算法。
● 旅行推销员（TSP）问题。

一个经典的例子是将贪心算法应用于旅行推销员问题，这是一个 NP 难问题。在这个问题中，贪心算法总是优先选择离当前城市最近的未访问城市，这样，就不能确定这是最好的解决方案，但肯定会得到一个最优的解决方案。这种最短路径策略包括为一个局部问题找到最佳解决方案，并希望找到一个全局解决方案。

当子问题重叠时，动态规划方法是有用的，这不同于分治法。使用动态编程，不是将问题分解为独立的子问题，而是将中间结果缓存起来，并在后续操作中使用。像分治法一样，使用递归。然而，动态规划允许在不同阶段比较结果。对于某些问题，这可能比分治法更有性能上的优势，因为从内存中检索先前计算的结果通常比重新计算更快。动态规划也使用递归来解决这些问题。例如，矩阵链式乘法问题可以用动态规划来解决。矩阵链式乘法问题可以确定矩阵相乘的最佳有效方法。当给定一个矩阵序列时，它会找出需要最少操作数的乘法顺序。

例如，进行三个矩阵（P，Q 和 R）的乘运算，有许多可能的选择（因为矩阵乘法是可结合的），如 $(PQ)R=P(QR)$。所以，如果这些矩阵的大小为 $P= 20 \times 30$、$Q= 30 \times 45$、$R=45 \times 50$，则 $(PQ)R$ 和 $P(QR)$ 的乘法次数分别为：

$$(PQ)R = 20 \times 30 \times 45 + 20 \times 45 \times 50 = 72000$$
$$P(QR) = 20 \times 30 \times 50 + 30 \times 45 \times 50 = 97500$$

从这个例子中可以看出，如果使用第一种方法，则需要 72000 次乘法，这比第二个方法要少，如下面代码所示：

```python
def MatrixChain(mat, i, j):
    if i == j:
        return 0
    minimum_computations = sys.maxsize
    for k in range(i, j):
        count = (MatrixChain(mat, i, k) + MatrixChain(mat, k+1, j)+
    mat[i-1] * mat[k] * mat[j])
        if count < minimum_computations:
            minimum_computations= count;
        return minimum_computations;
matrix_sizes = [20, 30, 45, 50];
```

```
print("Minimum multiplications are", MatrixChain(matrix_sizes , 1,
    len(matrix_sizes)-1));
# 输出 72000
```

 算法设计策略更详细的介绍将在第 13 章中进行。

3.2　递归和回溯

递归对于分治法的问题特别有用，但是，很难确切了解发生了什么，因为每个递归调用本身都会分离出其他递归调用，递归函数可能处于无限循环中。因此，每个递归函数都需要遵循某些属性，递归函数的核心要素有两个。

● **基本条件**：决定递归何时停止，一旦满足基本条件，递归将停止。
● **递归关系**：函数调用自身，朝着实现基本标准的方向前进。

一个简单的适合递归解决方案的问题是计算阶乘。递归阶乘算法定义了两个要素：当 n 为 0 时的基本条件（终止条件），以及当 n 大于 0 时的递归关系（函数本身的调用）。一个典型的实现如下：

```
def factorial(n):
    # 测试
    if n==0:
        return 1
        # 进行计算和递归调用
    else:
        f= n*factorial(n-1)
    print(f)
    return(f)
factorial(4)
```

为了计算 4 的阶乘，我们需要 4 次递归调用和初始的父调用。在每次递归时，方法变量的副本存储在内存中，方法一旦返回，就会从内存中删除。下面是可以将这个过程形象化的方法。

对于特定问题，并不能确定递归或迭代是不是最优解决方案，毕竟，它们都重复一系列操作，都非常适合分治法的方法和算法设计。迭代不断地进行直到问题解决；递归将问题分解成越来越小的块，然后将结果组合起来。迭代对于程序员来说通常更容易，因为控制停留在循环的局部，而递归可以更紧密地表示阶乘之类的数学概念。递归调用存储在内存中，而迭代则不存储。这需要在处理周期和内存使用之间作出权衡，因此，选择使用哪一个可能取决于任务是处理器密集型还是内存密集型。递归和迭代的主要区别如表 3-1 所列。

表 3-1　递归和迭代的主要区别

迭　代	递　归
一组指令在循环中重复执行	函数调用自身
在满足循环条件时停止执行	在满足终止条件时停止

迭 代	递 归
无限迭代将无限地运行，直到硬件被供电	无限递归调用可能会给出与栈溢出相关的错误
更快，因为它不需要栈	递归通常比迭代慢
一般来说，代码大小相对较大	一般来说，代码大小相对较小
每次迭代都不需要内存空间	每次递归调用都需要内存空间

3.2.1 回溯

回溯是一种递归形式，对于遍历树结构之类的问题特别有用，在这种情况下，每个节点都有许多选项，我们必须从中选择一个。随后，我们将面对一系列不同的选择，根据所作的一系列选择，最终到达一个目标状态或一个死胡同。如果是后者，则必须回溯到前一个节点并遍历不同的分支。回溯法是一种分而治之的穷举搜索方法。重要的是，回溯会剪除不能给出结果的分支。

下面列举一个回溯的例子。这里，使用递归方法生成给定长度 n 的给定字符串 s 的所有可能排列：

```
def bitStr(n,s):
if n==1: return s
return [digit + bits for digit in bitStr(1,s) for bits in bitStr(n-1,s)]
print(bitStr(3,'abc'))
```

这会产生以下输出：

```
['aaa', 'aab', 'aac', 'aba', 'abb', 'abc', 'aca', 'acb', 'acc', 'baa', 'bab', 'bac', 'bba',
'bbb', 'bbc', 'bca', 'bcb', 'bcc', 'caa', 'cab', 'cac', 'cba', 'cbb', 'cbc', 'cca', 'ccb', 'ccc']
```

请注意双向链表压缩和此次的两次递归调用。这将递归地将 n =1 时返回的初始序列中的每个元素与前一个递归调用中生成的字符串中的每个元素连接起来。从这个意义上说，它是通过回溯来发现以前未生成的组合。返回的最后一个字符串是初始字符串的所有 n 个字母的组合。

1. 分治法——长乘法

我们需要了解如何将递归与其他方法（如迭代）进行比较，并了解何时使用递归会更加高效。在小学数学课上学过的两个大数相乘，那是很长的乘法运算，这其实就是一种迭代算法。长乘法包括迭代乘法和进位运算，然后是移位和加法运算。

我们的目的是检验衡量这一过程效率的方法，并试图回答"这是将两个大数相乘的最有效的方法吗？"。

在下面的图中可以看到，两个四位数相乘需要 16 次乘法运算，总结起来就是，一个 n 位数大约需要 n^2 次乘法运算：

这种分析算法的方法，其基本的运算次数（如乘法和加法）是很重要的，因为它提供了一种理解完成某个计算所需时间和该计算输入大小之间的关系的方法。当输入数字 n 非常大时，会发生什么，这个称为渐近分析，或时间复杂度，对算法的研究是必不可少的，本书会经常涉及。

2. 递归方法

在长乘法的情况下，有几种算法可以用较少的运算来处理。最著名的长乘法替代算法之一是 1962 年首次发布的 Karatsuba 算法。这是一种完全不同的方法：它不是迭代地乘单个数字，而是递归地在逐渐变小的输入上执行乘法运算。递归程序在输入的较小子集上调用自己。构建递归算法的第一步是将一个大数分解为几个较小的数。最自然的方法是简单地将数字分成两个部分，如最高有效数字的前半部分和最低有效数字的后半部分。例如，四位数 2345 变成了一对两位数 23 和 45。我们可以用下面的方法对任意两个 n 位数 x 和 y 进行更一般的分解，其中 m 是任何小于 n 的正整数：

$$x = 10^m a + b$$
$$y = 10^m c + d \tag{3.1}$$

乘法问题 (x, y) 则可以写成这样：

$$(10^m a + b)(10^m c + d)$$

展开得到以下结果：

$$10^{2m} ac + 10^m (ad + bc) + bd$$

式（3.1）可以更简洁地表示如下：

$$x \times y = 10^{2m} z_2 + 10^m z_1 + z_0$$

这里：

$$z_2 = ac; z_1 = ad + bc; z_0 = bd$$

应该指出的是，这表明了一种用递归的方法来乘两个数字，因为这个过程本身就涉及乘法。具体地说，乘积 ac、ad、bc 和 bd 都包含比输入数小的数，因此可以应用相同的操作作为整体问题的部分解决方案。到目前为止，该算法由四个递归乘法步骤组成，它是否会比经典的长乘法更快还不清楚。

前面所介绍的关于乘法的递归方法的内容，自 19 世纪晚期以来就为数学家们所熟知。

Karatsuba 算法则改进了这一点，该算法只需要知道三个量：$z_2 = ac$，$z_1 = ad + bc$，$z_0 = bd$ 就能解式（3.1），只有对计算量 z_2、z_1 和 z_0 的总和与乘积有贡献时，才需要知道 a、b、c 和 d 的值，这可以减少递归步骤的数量。事实证明，情况确实如此。

由于结果 ac 和 bd 已经是最简单的形式，似乎难以消除这些计算。又因为：

$$(a+b)(c+d) = ac + bd + ad + bc$$

因为前面的递归步骤中已计算过，所以当减去 ac 和 bd 时，则得到我们需要的数量，即 $(ad + bc)$：

$$ac + bd + ad + bc - ac - bd = ad + bc$$

这表明，我们确实可以计算 $ad + bc$ 的和，而不需要分别计算每个单独的量。综上所述，我们可以对式（3.1）进行改进，将四个递归步骤减少为三个。这三个步骤如下：

（1）递归计算 ac。

（2）递归计算 bd。

（3）递归计算 $(a + b)(c + d)$ 代替 ac 和 bd。

下面的例子展示了 Karatsuba 算法的 Python 实现。在下面的代码中，如果给定的数字中有一个小于 10，那么就不需要运行递归函数。否则，需要确定较大值中的位数，如果位数为奇数，则加 1。最后，递归地调用这个函数三次来计算 ac、bd 和 $(a + d)(c + d)$。例如，它为 1234 和 3456 的乘法输出 4264704。Karatsuba 算法的实现如下：

```python
from math import log10
def karatsuba(x,y):
    # 递归的基本情况
    if x<10 or y<10:
        return x*y
    # 设置 n，最高输入数字的位数
    n=max(int(log10(x)+1),int(log10(y)+1))
    # 四舍五入 n/2
    n_2 = int(math.ceil(n/2.0))
    # 如果 n 不是偶数，则加 1
    n = n if n%2 == 0  else n+1
    # 拆分输入数字
    a, b = divmod(x,10**n_2)
    c, d = divmod(y,10**n_2)
    # 应用三次递归
    ac = karatsuba(a,c)
    bd = karatsuba(b,d)
    ad_bc = karatsuba((a+b),(c+d))-ac-bd
    # 执行乘法运算
    return (((10**n)*ac)+bd+((10**n_2)*(ad_bc)))
t= karatsuba(1234,3456)
print(t)
    # 输出 4264704
```

3.2.2 运行时间分析

一个算法的性能通常是通过它的输入数据的大小（n）和算法使用的时间、内存空间来衡量的。所需的时间是通过算法执行的关键操作（如比较操作）来衡量的，而算法的空间需求是通过在程序执行期间存储变量、常量和指令所需的存储空间来衡量的。算法的空间需求也可能在执行过程中动态变化，如动态内存分配、内存栈等。

算法所需的运行时间周期取决于输入的大小：随着输入大小（n）的增加，运行时间也会增加。例如，与其他输入大小为 50 的列表相比，排序输入大小为 5000 的列表的排序算法需要更多的运行时间。因此，计算时间复杂度取决于输入大小。此外，对于特定的输入，运行时间周期取决于算法中要执行的关键操作。例如，排序算法的关键操作是比较操作，与赋值或其他操作相比，比较操作将花费大部分时间。要执行的关键操作数量越多，运行算法所需的时间就越长。

需要注意的是，算法设计的一个重要方面是从空间（内存）和时间（操作数）两方面来衡量效率，有很多方法可以监测运行时间，最简单且明显的方法是测量算法所花费的总时间，这种方法的运行时间在很大程度上取决于运行它的硬件。一种独立于平台的衡量算法运行时间的方法是，计算算法所涉及的操作数量。然而，这种方法也有不足之处，因为没有确定的方法来量化操作，不同的编程语言、编码风格以及如何进行计数操作都不一样。不过，可以使用计数操作的思路，如果将其与预期结合起来，即随着输入大小的增加，运行时间将随着输入 n 的大小的增加而增加，与算法运行时间周期存在一定数学关系。算法的运行时间性能主要有三个特征，描述如下：

● 最坏情况时的复杂度是复杂度上限：它是一个算法执行所需的最大运行时间周期。这种情况下，键操作将以最大次数执行。

● 最佳情况时的复杂度是复杂度下限：它是一个算法执行所需的最小运行时间周期。这种情况下，键操作将以最小次数执行。

● 平均情况复杂度是一个算法执行所需的平均运行时间周期。

最坏情况分析很有用，因为它设定了一个严格的上限，算法运行时间不会超过这个上限。当输入大小 n 很大时，忽略小的常数因子和低阶项，对总体运行时间周期没有太大影响。这不仅使我们的工作在数学上更容易，而且还可以更多关注那些对性能影响大的因素。

在 Karatsuba 算法中，乘法运算的次数为输入的大小 n 的平方，如果有一个四位数字，乘法运算的次数是 16；八位数字则需要 64 次运算。通常情况下，我们对算法中的小变量不感兴趣，经常忽略那些与 n 呈缓慢线性增长的因素（变量）。这是因为当 n 值很高时，随着 n 的增加，增长最快的运算将占主导地位。

通过一个例子更详细地解释这一点：归并排序算法。排序是第 10 章的主题，作为学习运行时性能的一个有用方法和预热，这里引入归并排序。

归并排序算法是 60 多年前发展起来的一个经典算法。它仍然在许多流行的排序库中广泛使用，简单有效。它是一种使用了分治的递归算法，把问题分解成更小的子问题，递归地解决它们，然后以某种方式结合结果，归并排序是分治法的应用之一。

归并排序算法由以下三个简单步骤组成：

（1）递归地对输入数组的左半部分进行排序。
（2）递归地对输入数组的右半部分进行排序。
（3）合并两个排序的子数组为一个。
　一个典型的问题是将一列数字按数字顺序排序。归并排序的工作方式是将输入分成两半，并在每一半上并行工作。可以用下面的程序段来说明这个过程。
　归并排序算法的 Python 代码如下：

```python
def mergeSort(A):
# 如果输入数组为1或0，则返回
if len(A) > 1:
# 拆分输入数组
print('spliting',A)
mid=len(A)//2
left=A[:mid]
right=A[mid:]
    # 对左右子数组 mergeSort 递归调用
    mergeSort(left)
    mergeSort(right)
    # 初始化 left(i)、right(j) 和输出数组 array(k)
    #3 个初始化操作的指针
    i = j = k = 0
    # 遍历并合并已排序的数组
    while i < len(left) and j < len(right):
    # 如果 left < right，比较操作
        if left[i] < right[j]:
            # 如果 left < right，赋值操作
            A[k] = left[i]
            i=i+1
        else:
            # 如果 left < right，赋值操作
            A[k]=right[j]
            j=j+1
            k=k+1
    while i< len(left):          # 赋值操作
        A[k] = left[i]
        i=i+1
        k=k+1
    while j< len(right):
    # 赋值操作
        A[k] = right[j]
        j=j+1
```

```
        k=k+1
print('merging',A)
return(A)
```

运行程序得到以下结果：

```
In [2]: mergeSort([356,97,846,215])
splitting [356, 97, 846, 215]
splitting [356, 97]
merging  [356]
merging  [97]
merging  [97, 356]
splitting [846, 215]
merging  [846]
merging  [215]
merging  [215, 846]
merging  [97, 215, 356, 846]
Out[2]: [97, 215, 356, 846]
```

我们的问题是如何确定运行时性能，也就是说，相对于 n 的大小，算法完成所消耗的时间的增长率是多少？为了更好地理解这一点，可以将每个递归调用映射到树结构上。树中的每个节点都是一个递归调用，用于逐步解决更小的子问题，如图 3-1 所示。

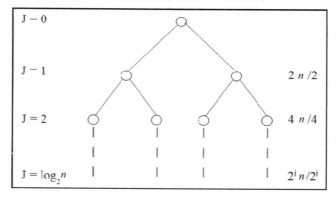

图3-1　递归调用

每次调用 mergeSort 之后都会创建两个递归调用，因此，可以用一个二叉树来表示它。每个子节点接收输入的一个子集，最终可以知道算法完成的总时间与 n 的大小的关系。

首先，我们可以计算树的每一级的工作量和操作数。

着眼于运行时性能分析，在第一级，问题被分为两个 $n/2$ 子问题；在第二级，有 4 个 $n/4$ 子问题，依次类推。问题是递归什么时候达到底限，也就是说，什么时候达到不能再分的地步？也就是子问题为 0 或 1，无法再往下分的情况。

递归层的数量就是 n 除以 2，直到得到一个最多为 1 的数的分级次数，这就是 $\log_2$ 的定义。因为我们将初始递归调用设定为级别 0，所以总级别数为 $\log_2 n + 1$。

到目前为止，一直用字母 n 来描述输入中元素的数量。n 指的是递归的第一级元素的数量，即初始输入的长度，在随后的递归级别中需要区分输入的大小。为此，使用字母 m 或特定的 m_j 来表示递归级别 j 的输入长度。

前面忽略了一些细节，例如，当 $m/2$ 不是整数时，或者当输入数组中有重复的元素时，会发生什么？事实证明这对实际分析结果没有太大影响，第 13 章会介绍合并排序算法的一些细节。

使用递归树分析算法的优点是，可以计算递归的每一级所做的工作，定义这项工作是简单地通过操作的总数，这与输入的大小有关。以平台无关的方式衡量与比较算法的性能是很重要的。当然，实际的运行时间取决于它所运行的硬件。计算操作的数量是很重要的，因为它给了我们一个与算法性能直接相关的指标，独立于平台。

一般来说，每次归并排序的调用都进行两次递归调用，因此调用的数量在每一级都翻倍。与此同时，每个调用都在处理一个输入，这个输入是其父程序的一半。将其形式化，对于第 j 层，j 是一个整数 0，1，2，…，$\log_2 n$，有两个大小为 $n/2^j$ 的子问题。

为了计算总操作数，需要知道合并两个子数组所包含的操作数。计算一下前面 Python 代码中操作的数量，这里关注的是两次递归调用之后的所有代码。首先，有三个赋值操作，接下来是三个 while 循环。在第一个循环中，有一个 if-else 语句，并且在两个操作中都有一个比较和赋值操作。因为在 if-else 语句中只有一组这样的操作，可以把这个代码块算作执行了 m 次的两个操作。接下来是两个 while 循环，每个循环都有一个赋值操作。这使得每次归并排序的递归总共需要 $4m + 3$ 次操作。

因为 m 必须大于等于 1，所以以操作次数的上界为 $7m$，当然这并不是一个确切的数字，可以用另一种方式来计算，这里没有考虑自增操作或任何内部操作的影响。

这看起来有点吓人，因为每次递归调用本身都会产生更多的递归调用，而且似乎呈指数级增长，但是每次递归调用的次数加倍时，每个子问题的大小就会减半。这两种影响相互抵消，正如程序所展示的。

计算递归树每一级的最大操作数，只需将子问题的数量乘以每个子问题的操作数，如下所示：

$$2^j \times 7(n/2^j) = 7n$$

重要的是，因为 2^j 抵消了每个级别上的操作数，所以这是独立于级别的。这给定了在每一级上执行的操作数的上限，在本例中为 $7n$。应该指出的是，这包括在该级别上每个递归调用执行的操作数，而不是在后续级别上执行的递归调用数。这表明工作已经完成，因为递归调用的次数在每一级增加一倍，并且被每个子问题的输入大小减半这一事实抵消。要找到一个完整归并排序的总操作数，只需将每层操作数乘以层数，得到以下数据：

$$7n(\log_2 n + 1)$$

展开得到：

$$7n\log_2 n + 7$$

关键的一点是，输入的大小和总运行时间之间存在一个对数关系，对数函数的一个显著特征就是它会很快变平。x 作为输入变量，随着大小的增大，输出变量 y 的增量越来越小。例如，对数函数和线性函数的区别如图 3-2 所示。

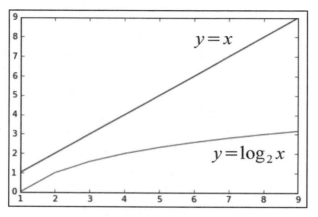

图3-2　对数函数和线性函数的区别

在前面的例子中，将 $n\log_2 n$ 分量相乘，并将其与 n^2 进行比较，如图 3-3 所示。

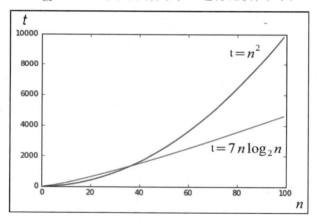

图3-3　$n\log_2 n$与n^2之间的比较

注意，在 n 值很低时，对于运行时间为 n^2 的算法，完成时间 t 更低。然而，当 n 值大于40时，对数函数开始占主导地位，输出趋于平缓，直到在相对适中的大小（$n=100$）时，性能是运行于 n^2 时间的算法的两倍以上。注意，常数因子 $+7$ 在 n 值很高时，影响会消失。

用于生成这些图形的代码如下：

```
import matplotlib.pyplotasplt
import math
x = list(range(1,100))
l=[]; l2=[]; a=1
plt.plot(x, [y*y for y in x])
plt.plot(x, [(7*y)*math.log(y,2) for y in x])
plt.show()
```

这里需要安装 matplotlib 库（如果还没有安装的话），程序才能工作，详情请参阅库中地址；

可以尝试使用这个列表表达式来生成曲线。例如，可以添加以下绘图曲线描述：

plt.plot(x, [(6*y)* math.log(y, 2) for y in x])

得到如图 3-4 所示的输出（图中的表达式及坐标标识非代码输出，仅供读者参考）。

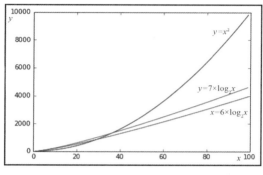

图 3-4 输出

图 3-4 显示了计算六次操作和计算七次操作的区别。可以看到这两种情况表现出的不同结果，这一点在介绍应用程序的细节时很重要，这里，我们不太关心绝对值，而关心这些值是如何随着 n 的增加而变化的。通过这种方式，可以看到，与顶部（x^2）曲线相比，下面两条曲线的增长率是相似的，也就是说，这两条较低的曲线具有相同的复杂度等级。这是一种理解和描述不同运行时间的行为的方法，在 3.3 节中将正式介绍这个性能指标。

算法的渐近分析

算法的渐近分析是指对算法运行时间的计算。要确定哪个算法更好，给定两个算法，一个简单的方法可以同时运行两个程序，并且对于给定输入，执行时间最少的算法更好。然而，对于特定的输入值，一个算法可能比其他算法表现得更好，而对于其他输入值，这个算法可能表现得更差。

在渐近分析中，是根据输入大小而不是实际运行时间来比较两种算法的，测量算法运行所消耗的时间如何随着输入大小的增加而增加。下面的代码说明了这一点：

```python
# 线性搜索程序搜索一个元素，返回数组的索引位置
def searching(search_arr, x):
    for i in range(len(search_arr)):
        if search_arr [i] == x:
            return i
    return -1
search_ar= [3, 4, 1, 6, 14]
x=4
searching(search_ar, x)
print("Index position for the element x is :",searching(search_ar, x))
# 输出元素 x 的索引位置，即 -1
```

假设数组的大小为 n，$T(n)$ 是执行线性搜索所需的键操作的总数，本例中的键操作是比较操作，以线性搜索为例来理解最坏情况分析、平均情况分析和最佳情况分析的复杂度。

- **最坏情况分析**：考虑运行时间的上限，即算法需要花费的最大时间。在线性搜索中，当要搜索的元素在最后一次比较中找到或在列表中没有找到时，会出现最坏的情况。这种情况下，将有一个最大的比较次数，也就是数组中元素的总数。因此，最坏情况的时间复杂度为 $\theta(n)$。
- **平均情况分析**：在这个分析中，考虑在列表中可以找到元素的所有可能情况，然后计算平均运行时间复杂度。例如，在线性搜索中，比较的位置是 1，如果搜索元素被发现在索引为 0 的位置，同样地，比较的数量是 2，3，等等，分别到 n 元素发现 1，2，3，…，$(n-1)$ 索引位置。因此，平均时间复杂度可以定义为平均情况复杂度 $=(1 + 2 + 3 + … + n) / n = n(n + 1) / 2$。
- **最佳情况分析**：最佳情况运行时间复杂度是算法运行所需的最小时间，它是运行时间的下限。在线性搜索中，最佳的情况是在第一次比较中找到要搜索的元素。很明显，在这个例子中，最佳情况下的时间复杂度并不取决于列表的长度。因此，最佳情况下的时间复杂度为 $\theta(1)$。

一般使用最坏情况分析来分析算法，因为它提供了运行时间的上限，而最佳情况分析是最不常用的，因为它仅仅提供了下限，即算法所需的最小时间。此外，平均情况分析的计算是非常困难的。

为了计算每一个算法运行的时间，需要知道时间的上、下限，这里研究了一种使用数学表达式表示算法运行时的方法，本质上是加法和乘法运算。为了使用渐近分析，我们简单地创建两个表达式，一个用于最好的情况，一个用于最坏的情况。

3.3 大 O 符号

大 O 符号中 O 代表顺序，因为增长率被定义为函数的顺序，它衡量最坏情况下的运行时间复杂度，即算法需要消耗的最大时间。我们说一个函数 $T(n)$ 是另一个函数 $F(n)$ 的一个大 O，定义如下：

$$T(n) = O(F(n))$$

如果有常量，n_0 和 C 如下：

$$T(n) < C(F(n)) \quad \text{for all } n >= n_0$$

输入大小为 n 的函数 $g(n)$ 是基于这样的观察：对于所有足够大的 n 值，$g(n)$ 的上限是 $F(n)$ 的常数倍。目标是找到小于或等于 $F(n)$ 的最小增长率。我们只关心在较高 n 值下会发生什么。变量 n_0 表示一个阈值，低于这个阈值，增长率就不重要了。函数 $T(n)$ 表示紧上界 $F(n)$。在图 3–5 中，可以看到 $T(n) = n^2 + 500 = O(n^2)$，$C = 2$，$n_0$ 近似为 23。

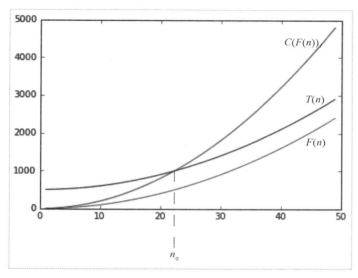

图3-5　$T(n)$、$F(n)$ 与 $C(n)$

　　由 $F(n) = O(g(n))$ 可以看出，$O(g(n))$ 实际上是一个函数集合，它包含所有增长率与 $F(n)$ 相同或更小的函数。例如，$O(n^2)$ 还包括函数 $O(n)$、$O(n\log_2 n)$ 等。让我们考虑另一个例子。

　　函数 $F(x) = 19n\log_2 n + 56$ 的大 O 时间复杂度是 $O(n\log_2 n)$。

　　在表 3-2 中，按从低到高的顺序列出了常见的增长率。我们称这些增长率为函数的时间复杂度或函数的复杂度类。

表3-2　常见的增长率

类复杂度	名　　字	示例操作
$O(1)$	常数	附加、获取项目、设置项目
$O(\log_2 n)$	对数	在已排序的数组中查找元素
$O(n)$	线性	复制、插入、删除、迭代
$n\log_2 n$	线性对数	对列表排序，归并排序
n^2	二次方	求图中两个节点之间的最短路径，嵌套循环
n^3	立方	矩阵乘法
2^n	指数	河内塔问题，回溯

3.3.1　组合复杂度类

　　通常，需要找出一些基本操作的总运行时间。可以把简单运算的复杂度类组合起来找到更复杂的组合运算的复杂度类。目标是分析函数或方法中的组合语句，以理解执行多个操作的总时间复杂度，组合两个复杂度类的最简单方法是添加它们。当有两个顺序操作时，就会发生这种情况。例如，将元素插入到列表中，然后对列表进行排序，可以看到，插入项的时间是 $O(n)$，排序的时间是 $O(n\log_2 n)$。可以把总时间复杂度写成 $O(n + n\log_2 n)$，也就是说，把两个函数放在 $O(...)$ 里面。因为我们只关注最高阶项，所以只剩下 $O(n\log_2 n)$。

如果重复一个操作，例如，在一个 while 循环中，将复杂度类乘以操作执行的次数。如果一个时间复杂度为 $O(F(n))$ 的操作重复 $O(n)$ 次，那么两个复杂度相乘得到：

$$O(F(n) \cdot O(n))=O(nF(n))$$

例如，假设函数 f(...) 的时间复杂度为 $O(n^2)$，在一个 while 循环中执行 n 次，如下所示：

```
for i in range(n):
        f(...)
```

这个循环的时间复杂度就变成了 $O(n^2) \cdot O(n) = O(n \cdot n^2) = O(n^3)$。这里只是简单地将操作的时间复杂度乘以这个操作的执行次数。循环的运行时间最多为循环中语句的运行时间乘以迭代次数。一个单一的嵌套循环，即一个循环嵌套在另一个循环中，假设两个循环都运行 n 次，将以 n^2 时间运行，如下面的例子所示：

```
for i in range(0,n):
    for j in range(0,n)
            #声明
```

每条语句都是一个常数 c，执行 n^2 次，所以可以将运行时间表示为：

$$c \cdot n \cdot n=cn^2=O(n^2)$$

对于嵌套循环中的连续语句，将每条语句的时间复杂度相加，然后乘以执行语句的次数，例如：

```
n=500                    #c0
# 执行n次
for i in range(0,n):
    print(i)             #c1
    # 执行n次
for i in range(0,n):
# 执行n次
    for j in range(0,n):
        print(j)         #c2
```

还可以写成 $c_0 + c_1 n + c_2 n^2 = O(n^2)$。

我们可以定义（以 2 为底）对数复杂度，在常数时间内将问题的大小减少 1 / 2，如以下代码片段：

```
i=1
while i<=n:
    i=i*2
    print(i)
```

注意，i 在每次迭代中都是成倍增加的。如果在 $n = 10$ 的情况下运行这个程序，可以看到它输出了 4 个数字：2、4、8 和 16。如果 n 成倍增加，会看到它输出了 5 个数字。每增加 n 倍，迭代次数只增加 1 次。假设 k 次迭代，可以表示如下：

$$\log_2(2^k) = \log_2 n$$

$$k \log_2 2 = \log_2 n$$

$$k = \log_2 n$$

由此，得出总时间 $= O(\log_2 n)$。

大 O 是渐近分析中最常用的符号，还有另外两个相关的符号，分别是符号 Ω 和符号 θ。

1.Omega 符号（Ω）

Ω 符号描述了算法的紧下界，类似于描述紧上界的大 O 符号。Ω 表示法用于计算算法在最佳情况下的运行时间复杂度。它提供了最高的增长率 $T(n)$ 小于或等于给定的算法，计算如下：

$$T(n) = \Omega(F(n))$$

如果有常量，n 和 C 如下：

$$0 \leqslant C(F(n)) \leqslant T(n) \quad \text{for all } n \geqslant n_0$$

2.Theta 符号（θ）

通常情况下，给定函数的上界和下界都是相同的，符号的目的是确定这种情况是否存在。定义如下：

$$T(n) = \theta(F(n))$$

如果有常量，n 和 C_1 和 C_2 如下：

$$0 \leqslant C_1(F(n)) \leqslant F(n) \leqslant C_2(F(n)) \quad \text{for all } n \geqslant n_0$$

虽然符号描述增长率，但最实用的是大 O 符号，这也是最常看到的。

```
for i in range(n):
    f(...)
```

3.3.2 平摊分析

相对于单个操作的时间复杂度来说，我们更关注的是操作序列的平均运行时间，这叫作平摊分析。它不同于平均情况分析，因为对输入值的数据分布不作任何假设。然而，它确实考虑到了数据结构的状态变化。例如，如果一个列表是排序的，那么任何后续的查找操作都应该更快。平摊分析考虑数据结构的状态变化，因为它分析操作序列，而不是简单地聚合单个操作。

平摊分析给出了算法运行时间的上界，它给算法中的每一个操作增加了额外的成本。与初始操作相比，序列的额外考虑成本可能更低。

当有少量开销较大的操作（如排序）和大量开销较小的操作（如查找）时，标准的最差情况分析可能会导致过于悲观的结果，因为它假定每次查找都必须比较列表中的每个元素，直到找到匹配的元素。我们应该考虑到，一旦对列表进行排序，便可以降低后续查找操作的成本。

到目前为止，在运行时间分析中，假设输入数据是完全随机的，并且只考虑输入的大小对运行时间的影响。另外两种常用的算法分析方法如下：

● 平均情况分析。

● 基准测试。

平均情况分析将找到平均运行时间，这是基于对各种输入值的相对频率的一些假设。在特定数据分布上，多次使用真实数据或复制真实数据分布的数据，并计算平均运行时间。

基准测试就是拥有一组公认的用于度量性能的典型输入。基准测试和平均时间分析都依赖于一些领域先验知识，需要知道典型的或预期的数据集是什么。

可以通过简单的计时算法，计算出给定输入大小所需的时间，以此对算法的运行时性能进行基准测试。正如前面提到的，这种度量运行时性能的方法依赖于运行它的硬件。显然，更快的处理器会带来更好的结果，然而，随着输入大小的增加，相对增长率将保留算法本身的特征，而不是运行它的硬件。硬件（和软件）平台之间的绝对时间值会有所不同，它们的相对增长仍然受到算法时间复杂度的限制。

以一个简单的嵌套循环为例。很明显，这个算法的时间复杂度是 $O(n^2)$，因为在外部循环中每迭代 n 次，在内部循环中也有 n 次迭代。例如，简单嵌套的 for 循环由一个在内部循环中执行的简单语句组成：

```
def nest(n):
for i in range(n):
    for j in range(n):
        i+j
```

下面的代码是一个简单的测试函数，它以 n 为递增值运行 nest 函数。对于每次迭代，计算这个函数使用 timeit 完成计算所需的时间。本例中，timeit 函数有三个参数：一个是要计时的函数的字符串表示，一个是导入 nest 函数的 setup 函数，一个是指示执行 main 语句次数的 int 形参。由于关注的是 nest 函数相对于输入大小 n 完成计算所需的时间，因此，在每次迭代中调用 nest 函数一次就足够了。下面的函数为每一个 n 的值返回一个计算的运行时间列表。

```
import timeit
def test2(n):
ls=[]
    for n in range(n):
        t=timeit.timeit("nest(" + str(n) + ")", setup="from _main_ import
nest", number=1)
        ls.append(t)
    return ls
```

在下面的代码中，运行 test2 函数并绘制结果图，以及适当缩放的 n^2 函数，为便于比较，用虚线表示。

```python
import matplotlib.pyplot as plt
n=1000
plt.plot(test2(n))
plt.plot([x*x/10000000 for x in range(n)])
```

结果如图 3-6 所示。

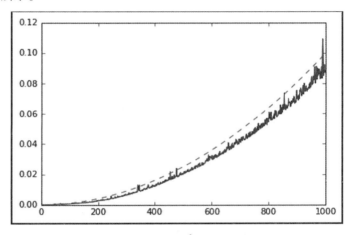

图 3-6　test2 与 n^2 之间的比较

可以看到，与期望的结果相一致，这既表示算法本身的性能，也表示底层软件和硬件平台的行为，这可以通过测量运行时的可变性和运行时的相对大小来表示。显然，更快的处理器会导致更快的运行时，性能也会受其他正在运行的进程、内存约束、时钟速度等因素的影响。

3.4　小　结

本章中，对算法设计进行了总体概述，研究了一种独立于平台的衡量算法性能的方法，介绍了一些解决算法问题的方法，如递归方法乘大数的方法、归并排序的递归方法。学习了如何使用回溯进行穷举搜索和生成字符串，还介绍了基准测试的思想和一种简单的、依赖于平台的方法来度量运行时间。

下面的章节中，将参照特定的数据结构来重新介绍这些问题，同时介绍链表和其他指针结构等。

第4章 列表和指针结构

前面已经介绍了 Python 中的列表，这些列表既方便又强大，通常使用 Python 的内置列表来实现数据存储。本章将了解列表的工作原理，并学习列表的内部结构。

Python 的列表功能非常强大，可以包含几个不同的用例，节点的概念在列表中非常重要。这将在本章介绍，书中也会多次提及。因此，建议读者仔细学习本章内容。

本章目标：

● 理解 Python 中的指针。

● 理解节点的概念和实现。

● 实现单向链表、双向链表和循环链表

技术要求：

根据本章介绍的概念执行这些程序将有助于更好地理解它们。如果已经安装了 Python，本章中所有程序和概念的源代码，在 GitHub 上的地址为：https://github.com/PacktPublishing/Hands-On-Data-Structures-and-Algorithms-with-Python-Second-Edition /tree/master/Chapter04。

4.1　从一个例子开始

首先，介绍一下什么是指针。假设你有一套房子想要出售，由于时间不够，所以，你把房子交给经纪人，然后经纪人会把房子交给任何想买的人。

当然，你不需要带着房子到处走，只需要写下房子的地址，然后交给经纪人。房子还在原来的地方，但是那张写着地址的便条被人传阅着。你甚至可以把它写在几张纸上，每一个都小得可以放进你的钱包，但它们都指向同一套房子。

其实，Python 的情况并没有太大不同，假设有几个处理图像的 Python 函数，而且可以在函数之间传递高分辨率图像数据。这些大型图像文件保存在内存中的单一位置。你要做的就是创建变量来保存这些图像在内存中的位置，这些变量很小，可以很容易地在不同的函数之间传递。

这就是指针的最大好处——它们允许用一个简单的内存地址来指向一个可能很大的内存段，计算机硬件中支持指针操作，这被称为间接寻址。

在 Python 中，不像在 C 或 Pascal 等其他语言中那样直接操作指针，这使得一些人认为在 Python 中不使用指针，但这种想法是不正确的，如 Python 交互式 shell 中的赋值操作：

```
>>> s = set()
```

我们通常会说 s 是集合类型的一个变量。也就是说，s 是一个集合。然而，这并非严格成立，变量 s 更像是对 set 的引用（安全指针）。set 构造函数在内存中某处创建一个 set，并返回该 set 开始的内存位置，这就是存储在 Python 中的 s 的内容，Python 隐藏了这种复杂性。

4.2 数 组

数组是数据的顺序列表，顺序意味着每个元素都存储在内存中前一个元素之后。如果数组非常大，而实际的内存容量很小，则可能无法容纳整个数组，从而导致问题的发生。

另外，数组操作非常快。由于内存中的每个元素都是紧接前一个元素的，因此不需要在不同的内存位置之间来回跳转。在实际应用程序中的列表和数组之间进行选择时，需要重点考虑。

第 2 章已经介绍过数组，研究了数组数据类型与各种操作。

4.3 指针结构

与数组相反，指针结构是可以在内存中展开的项的列表。因为每个项都包含在结构中其他项的一个或多个链接，这些链接的类型取决于其所拥有的结构类型。如果处理的是链表，那么会有指向结构中下一个（也可能是前一个）项的链接。在树的情况下，有父子链接和兄弟链接。

指针结构有两个好处：第一，它们不需要顺序存储空间；第二，它们可以从小处开始，随着向结构中添加更多节点而任意增长。然而，指针的这种灵活性是有代价的，需要额外的空间来存储地址。例如，如果有一个整数列表，每个节点将需要通过存储一个整数来占用空间，以及一个额外的整数来存储指向下一个节点的指针。

4.3.1 节点

列表（以及其他一些数据结构）的核心是节点。在进一步介绍之前，先来看一下下面这个例子。

首先，创建几个字符串：

```
>>>a = "eggs"
>>>b = "ham"
>>>c = "spam"
```

现在有三个变量，每个变量都有唯一的名称、类型和值。但是，还不能显示这些变量之间的关系。然而，节点可以展示这些变量是如何相互关联的，节点是数据的容器，以及到其他节点的一个或多个链接，链接通过指针实现。

简单类型的节点是只有到下一个节点链接的节点。正如我们所了解的指针，字符串实际上并没有存储在节点中，而是有一个指向实际字符串的指针。在图 4-1 中，有两个节点：一个节点有一个指向存储在内存中的字符串（eggs）的指针，另一个节点存储另一个节点的地址。

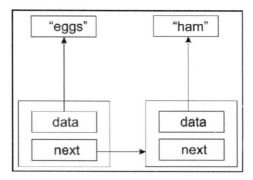

图4-1　有两个节点

因此，这个简单节点的存储要求是两个内存地址。节点的数据属性是指向字符串 eggs 和 ham 的指针。

找到最后一个节点

这里创建了三个节点——eggs、ham 和 spam。eggs 节点指向 ham 节点，ham 节点又指向 spam 节点。但是 spam 节点指向什么呢？由于这是列表中的最后一个元素，所以需要确保它的下一个元素有一个明确的值。

如果最后一个元素什么都没有指向，那么我们就能清楚地说明这个事实：在 Python 中，使用特殊值 None 来表示 nothing，如图 4-2 所示。

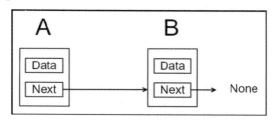

图4-2　最后一个节点指向None

节点 B 是节点链中的最后一个节点，因此指向 None。

4.3.2　节点类

下面是一个简单的节点类实现：

```
class Node:
    def __init__ (self, data=None):
        self.data = data
        self.next = None
```

Next 指针初始化为 None，这意味着除非更改 Next 的值，否则该节点将成为一个端点。这是一个好主意，这样就不会忘记正确地终止列表。

我们可以根据需要向节点类添加其他内容，但要注意节点和数据之间的区别。如果节点包含客户数据，则可以创建一个客户类并存储所有数据。

为了将节点对象传递到 print 时调用所包含对象的 _str_ 方法，还需要实现 _str_ 方法，实现方法如下：

```
def _str_ (self):
    return str(data)
```

其他节点类型

前面已经讲过，节点具有指向链接数据项的下一个节点的指针，它可能是最简单的节点类型。此外，根据需求，还可以创建许多其他类型的节点：

```
def _str_ (self):
    return str(data)
```

例如，从节点 A 到节点 B，但同时还需要从节点 B 到节点 A，这种情况下，需要在下一个指针的基础上添加一个前向指针，如图 4-3 所示。

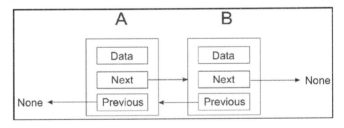

图4-3　添加前向指针

在图 4-3 中，除了数据和下一个指针之外，又创建了上一个指针。需要注意的是，指向 B 的下一个指针是 None，节点 A 中的前一个指针也是 None。这表明在两个端点都已经到达了列表的边界。第一个节点 A 的前一个指针指向 None，因为它没有前项，最后一项 B 的下一个指针指向 None，因为它没有后继节点。

4.4　引入列表

列表是一种重要且流行的数据结构。列表有三种类型：单向链表、双向链表和循环链表。本节将详细介绍这些列表，在后面的小节中将介绍列表的各种重要操作，如追加、删除以及可以在这些列表上执行的遍历和搜索操作。

4.4.1 单向链表

单向链表是指两个连续节点之间只有一个指针的列表。它只能沿着一个方向移动，也就是说，可以从列表中的第一个节点移动到最后一个节点，但不能从最后一个节点移动到第一个节点。

实际上，可以使用前面创建的 Node 类来实现一个非常简单的单向链表。例如，创建三个节点 n1、n2 和 n3 来存储三个字符串：

```
>>>n1 = Node('eggs')
>>>n2 = Node('ham')
>>>n3 = Node('spam')
```

然后，将节点连接在一起形成一条链：

```
>>>n1.next = n2
>>>n2.next = n3
```

可以像下面这样遍历该列表，首先将当前变量设置为列表中的第一项，然后通过循环遍历整个列表，如下面代码所示：

```
current = n1
while current:
    print(current.data)
    current = current.next
```

在循环中，输出当前元素，然后将 current 设置为指向列表中的下一个元素，重复该操作，直到到达列表的末尾。然而，这种简单的列表实现存在几个问题：

● 这需要程序员做太多的手工工作。
● 太容易出错（这是第一点的结果）。
● 列表的太多内部信息需要向程序员公开。

在后面的章节中，会介绍这些问题。

1. 单向链表类

列表是与节点不同的概念。首先创建一个非常简单的类来保存列表，从一个构造函数开始，该构造函数保存对列表中第一个节点的引用（该节点位于紧接的代码尾部），因为这个列表一开始是空的，把这个引用设置为 None。

```
class SinglyLinkedList:
def __init__ (self):
self.tail = None
```

2. 添加操作

构建列表，需要执行的第一个操作是向列表中添加项。这个操作有时被称为插入。这里，可以隐藏节点类。实际上，List 类的用户不必与 Node 对象交互，这些操作都是内部使用的。

append() 方法的第一次尝试如下:

```
class SinglyLinkedList:
    # ...
    def append(self, data):
        # 将数据封装在节点中
        node = Node(data)
        if self.tail == None:
            self.tail = node
        else:
            current = self.tail
            while current.next:
                current = current.next
            current.next = node
```

将数据封装在一个节点中,以便它具有下一个指针属性。从这里开始,检查列表中是否有任何现有节点,即 self.tail 是否指向一个节点。如果没有,则将新节点设为列表的第一个节点;否则,通过遍历列表到最后一个节点找到插入点,将最后一个节点的下一个指针更新到新节点。

添加三个节点的示例代码如下:

```
>>>words = SinglyLinkedList()
>>>words.append('egg')
>>>words.append('ham')
>>>words.append('spam')
```

前面已经介绍过列表遍历,从列表获取第一个元素,然后通过下一个指针遍历列表,代码如下:

```
>>>current = words.tail
>>>while current:
        print(current.data)
        current = current.next
```

3. 追加操作

前面的 append() 方法有一个大问题:它必须遍历整个列表才能找到插入点。当列表中只有几个项时,这可能不是问题,但是当列表很长时,这将是一个大问题,因为每次都需要遍历整个列表来添加一个项,每个添加都将比前一个更慢。append 操作的当前实现速度减慢了 $O(n)$,这在长列表的情况下是不可取的。

为了解决这个问题,我们不仅存储了对列表中第一个节点的引用,还存储了对最后一个节点的引用。通过这种方式,可以快速地在列表的末尾追加一个新节点。追加操作的最好情况的运行时间从 $O(n)$ 减少到 $O(1)$,所要做的就是确保前面的最后一个节点指向将要追加到列表中的新节点,以下是更新后的代码:

```
class SinglyLinkedList:
    def init (self):
```

```
        # ...
        self.tail = None
    def append(self, data):
        node = Node(data)
        if self.head:
            self.head.next = node
            self.head = node
        else:
            self.tail = node
            self.head = node
```

注意，添加新节点的点是通过 self.head 变量进行的，而 self.tail 变量指向列表中的第一个节点。

4. 列表大小的获取

为了能够通过计算节点的数量来获取列表的大小，一种方法是遍历整个列表并在执行过程中增加一个计数器，代码如下：

```
def size(self):
    count = 0
    current = self.tail
    while current:
    count += 1
    current = current.next
return count
```

这个方法当然很好，然而列表遍历可能是一个耗时的操作，应该尽可能避免。因此，可以选择对该方法进行重写，向 SinglyLinkedList 类添加一个 size 成员，并在构造函数中将其初始化为 0。然后在 append() 方法中将 size 加 1，代码如下：

```
class SinglyLinkedList:
    def init (self):
        # ...
self.size = 0
def append(self, data):
# ...
self.size += 1
```

由于只读取 node 对象的 size 属性，而没有使用循环来计算列表中的节点数量，因此最坏情况下的运行时间从 $O(n)$ 减少到和 $O(1)$。

5. 改善列表遍历

在前面的列表遍历中，向客户端或用户公开了节点类，但客户端节点不应该与节点对象交互，这时需要使用节点的数据来获取节点和节点的内容，通过 next 来获取下一个节点，然后通过创建返回生成器的方法来访问数据，代码如下：

```
def iter(self):
    current = self.tail
    while current:
        val = current.data
        current = current.next
        yield val
```

现在，列表遍历看起来要简单多了，可以忽略在链表之外存在的节点的内容：

```
for word in words.iter():
    print(word)
```

注意，因为 iter() 方法生成了节点的数据成员，所以客户机代码根本不需要担心这个问题。

6. 删除节点

对列表执行的另一个常见操作是删除节点。这看起来似乎很简单，首先，要决定如何选择要删除的节点是由索引号决定的还是由节点包含的数据决定的。这里，根据节点包含的数据选择删除节点操作。

从列表中删除节点的流程图如图 4-4 所示。

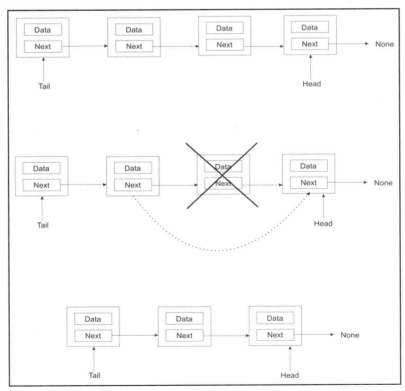

图 4-4　删除节点的流程图

当删除两个节点之间的一个节点时，需要让前一个节点指向要删除的节点的后续节点。也就是说，我们只需从链中剪切要删除的节点，并直接指向下一个节点，如图4-4所示。

下面是delete()方法的实现：

```
def delete(self, data):
    current = self.tail
    prev = self.tail
    while current:
        if current.data == data:
            if current == self.tail:
                self.tail = current.next
            else:
                prev.next = current.next
            self.count -= 1
            return
        prev = current
        current = current.next
```

删除节点的操作时间复杂度为 $O(n)$。

7. 列表搜索

当需要检查一个列表是否包含一个项目时，应用前面学习的iter()递归方法，是相当容易实现的。每次循环都将当前数据与正在搜索的数据进行比较，如果找到匹配项，则返回True，否则返回False，代码如下：

```
def search(self, data):
    for node in self.iter():
        if data == node:
            return True
    return False
```

8. 清除列表

当需要尽快清除一个列表时，有一个非常简单的方法：通过将指针的头和尾设置为None来清除列表，代码如下：

```
def clear(self):
    """ Clear the entire list. """
    self.tail = None
    self.head = None
```

4.4.2 双向链表

4.4.1节已经介绍了单向链表以及可以在其上执行的重要操作。现在来介绍双向链表。

双向链表与单向链表非常相似，也使用了与单向链表相同的字符串节点的基本概念。唯一的区别：一个单向链表是单个链表，只有在每个连续的节点之间有联系；然而，在一个双向链表，有两个指针，分别指向下一个节点和上一个节点。如图 4-5 所示的节点，有一个指向下一个节点和上一个节点的指针，因为没有节点追加到这个节点上，所以它们被设置为 None。

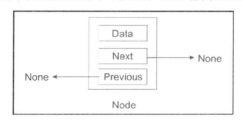

图 4-5　节点

单向链表中的节点只能确定与它关联的下一个节点。但是，没有方法或链接从这个引用的节点返回。流动的方向只有一个。

双向链表解决了这个问题，不仅可以引用下一个节点，还可以引用上一个节点。图 4-6 展示了两个连续节点之间的链接的性质。这里，节点 A 引用节点 B；此外，还有一个回节点 A 的链接。

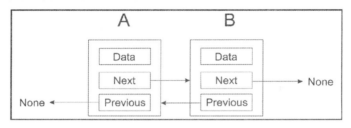

图 4-6　连续节点

由于存在两个指向下一个和上一个节点的指针，双向链表就具备了某些功能。

双向链表可以向任何方向遍历。双向链表中的节点可以在需要时轻松地引用它的上一个节点，而无须使用变量来跟踪该节点。然而，在单向链表中，为了在列表的开始处做一些更改，可能很难移动回列表的开始处，这在双向链表中是非常容易的。

1. 双向链表节点

创建双向链表节点的 Python 代码包括它的初始化方法、prev 指针、next 指针和数据实例变量。当新创建一个节点时，所有这些变量默认为 None，代码如下：

```
class Node(object):
    def __init__ (self, data=None, next=None, prev=None):
        self.data = data
        self.next = next
        self.prev = prev
```

prev 变量有对上一个节点的引用，而 next 变量保留对下一个节点的引用，data 变量存储数据。

2. 双向链表类

双向链表类捕获函数将要操作的数据。对于 size 方法，将 count 实例变量设置为 0，它可以用来跟踪链表中项目的数量。当向列表中插入节点时，头和尾将指向列表的头和尾。创建类的 Python 代码如下：

```
class DoublyLinkedList(object):
    def init (self):
        self.head = None
        self.tail = None
        self.count = 0
```

 我们采用一种新的约定。self.head 指向新节点的列表，self.tail 指向添加到列表中的最新节点，这与在单向链表中使用的约定相反。对于头和尾节点指针的命名没有固定的规则。

双向链表还需要有返回列表大小、向列表中插入项目以及从列表中删除节点的功能。接下来将介绍并提供双向链表上的重要功能和代码。

3. 添加操作

添加（append）操作用于在列表的末尾添加元素。检查列表的头是否为 None 是很重要的。如果为 None，则表示该列表为空，或者该列表有一些节点，并将向该列表添加一个新节点。如果要将一个新节点添加到空列表中，则它的头部应该指向新创建的节点，而列表的尾部也应该通过头部指向这个新创建的节点。在这一系列步骤结束后，头和尾将指向同一个节点。图 4-7 说明了当一个新节点被添加到一个空列表时，双向链表的头指针和尾指针的情况。

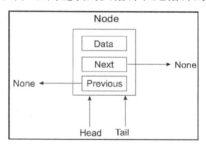

图4-7 双向链表

将一个新节点添加到双向链表中的代码如下：

```
def append(self, data):
    """ Append an item to the list. """
    new_node = Node(data, None, None)
    if self.head is None:
        self.head = new_node
        self.tail = self.head
    else:
        new_node.prev = self.tail
        self.tail.next = new_node
        self.tail = new_node
        self.count += 1
```

上述程序的 if 语句用于向空节点添加节点，如果列表不是空的，则执行 else 部分。如果要将新节点添加到列表中，则将新节点的前一个变量设置为列表的尾部，代码如下：

```
new_node.prev = self.tail
```

tail 的下一个指针（或变量）必须设置为指向新节点，代码如下：

```
self.tail.next = new_node
```

最后，更新尾部指针指向新节点，代码如下：

```
self.tail = new_node
```

因为追加操作将节点数增加 1，所以将计数器增加 1，代码如下：

```
self.count += 1
```

对现有列表的追加操作如图 4-8 所示。

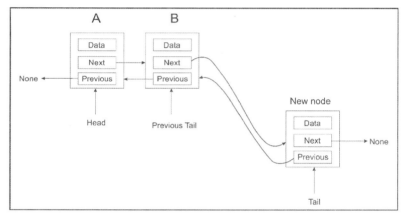

图4-8　对现有列表的追加操作

4. 删除操作

与单向链表相比，双向链表中的删除操作更容易。

单向链表在遍历整个链表时需要跟踪前面遇到的节点，而双向链表则避免了这个步骤。这是通过使用前一个指针实现的。

双向链表的删除操作有以下四种情况：

● 要删除的节点在列表中找不到。

● 要删除的节点位于列表的开头。

● 要删除的节点位于列表的末尾。

● 要删除的节点位于列表的中间。

通过将数据实例变量与传递给该方法的数据相匹配来识别要删除的节点。如果数据与某个节点的数据变量匹配，则该匹配节点将被删除。从双向链表中删除节点的完整代码如下所示，后面会详细介绍这段代码的每一部分。

```
def delete(self, data):
```

```
        """ Delete a node from the list. """
        current = self.head
        node_deleted = False
    if current is None:                      # 要删除的节点在列表中找不到
        node_deleted = False
    elif current.data == data:               # 要删除的节点位于列表的开头
        self.head = current.next
        self.head.prev = None
        node_deleted = True
    elif self.tail.data == data:             # 要删除的节点位于列表的末尾
        self.tail = self.tail.prev
        self.tail.next = None
        node_deleted = True
        else:
        while current:                       # 搜索要删除的节点，并删除该节点
            if current.data == data:
                    current.prev.next = current.next
                    current.next.prev = current.prev
                    node_deleted = True
            current = current.next
        if node_deleted:
            self.count -= 1
```

首先，创建一个 node_deleted 变量来表示列表中被删除的节点，将这个变量初始化为 False。如果找到匹配的节点并删除，则 node_deleted 变量为 True。在 delete 方法中，当前变量最初被设置为列表的头（也就是说，它指向 self.head），代码片段如下：

```
def delete(self, data):
    current = self.head
    node_deleted = False
    ...
```

接下来，使用一组 if-else 语句来搜索列表的各个部分，以找到具有要删除的指定数据的节点为目标。

首先，在头节点搜索要删除的数据，如果数据在 head 节点匹配，这个 head 节点就会被删除。由于 current 指向 head，如果 current 为 None，则表示列表为空，没有找到要删除的节点，代码片段如下：

```
if current is None:
    node_deleted = False
```

如果 current（现在指向 head）包含正在搜索的数据，则意味着在 head 节点找到了要删除的数据，然后是 self.head 被标记为指向 current 节点。因为现在 head 后面没有节点了，self.head.prev 就设置为 None，代码片段如下：

```
elif current.data == data:
    self.head = current.next
```

```
    self.head.prev = None
    node_deleted = True
```

类似地，如果要删除的节点在列表的末尾被找到，则通过将上一个节点的指向设置为 None 来删除最后一个节点。这是双链列表中删除操作的第三种场景，该列表在列表的末尾搜索要删除的节点。self.tail 被设置为指向 self.tail.prev，self.tail.next 被设置为 None，因为之后没有节点，代码片段如下：

```
elif self.tail.data == data:
    self.tail = self.tail.prev
    self.tail.next = None
    node_deleted = Tru
```

然后，通过循环遍历整个节点列表来搜索要删除的节点。如果要删除的数据与某个节点匹配，则删除该节点。为了删除一个节点，使用代码 current.prev.next=current.next 使 current 节点的上一个节点指向当前节点的下一个节点，在这一步之后，通过语句 current.next.prev = current.prev 指向当前节点的上一个节点，代码片段如下：

```
else
    while current:
        if current.data == data:
            current.prev.next = current.next
            current.next.prev = current.prev
            node_deleted = True
        current = current.next
```

为了更直观地理解双向链表中的删除操作的概念，请看图 4-9。在图 4-9 中共有 3 个节点：A、B、C。为了删除列表中间的节点 B，实质上是指向节点 C 作为它的下一个节点，而让 C 指向 A 作为它的上一个节点。

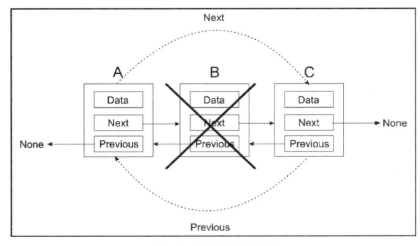

图 4-9　三个节点关系图

执行删除操作后，结果如图 4-10 所示。

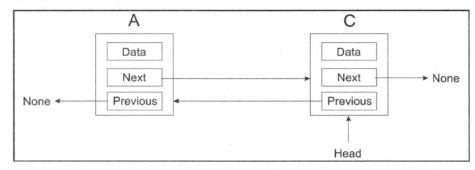

图4-10 执行删除操作后

最后，检查 node_delete 变量，以确定一个节点是否确实被删除。如果删除了某个节点，则 count 变量将减少 1 个，这样就可以跟踪列表中节点的总数，代码片段如下：

```
if node_deleted:
    self.count -= 1
```

5. 列表搜索

在双向链表中，搜索节点的方式与在单向链表中搜索节点的方式类似，使用 iter() 方法检查所有节点中的数据。在循环遍历列表中的所有数据时，每个节点都与在 contain 方法中传递的数据相匹配。如果在列表中找到该节点，则返回 True，表示找到了该节点；否则返回 False，表示没有在列表中找到该节点，Python 代码如下：

```
def contain(self, data):
    for node_data in self.iter():
        if data == node_data:
        return True
    return False
```

双向链表中的追加操作的运行时间复杂度为 $O(1)$，删除操作的运行时间复杂度为 $O(n)$。

4.4.3 循环链表

循环链表是链表的一种特殊情况。在循环链表中，端点是相互连接的，即列表中的最后一个节点指向第一个节点。换句话说，在循环链表中，所有节点都指向下一个节点（在双向链表中是上一个节点），没有结束节点，因此没有节点时将指向 Null。循环列表可以基于单向链表和双向链表。在双向链表循环列表的情况下，第一个节点指向最后一个节点，最后一个节点指向第一个节点。循环链表如图 4-11 所示，这是基于一个单向链表的，其中最后一个节点 C 再次连接到第一个节点 A，从而形成一个循环链表。

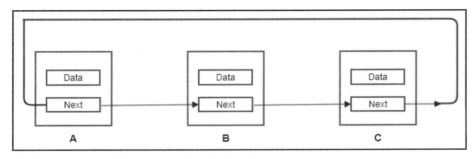

图 4-11　基于单向链表的循环链表

图 4-12 显示了基于双向链表的循环链表，其中最后一个节点 C 通过 Next 指针再次连接到第一个节点 A。节点 A 也通过前一个指针连接到节点 C，从而形成一个循环链表。

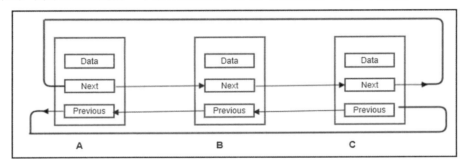

图 4-12　基于双向链表的循环链表

下面看看如何实现单向链表循环链表，理解了基本概念后，双向链表循环链表就很容易实现了。

我们可以重用创建单向链表的节点类，事实上，还可以重用 SinglyLinkedList 类的大部分内容。因此，这里重点介绍如何使用循环链表实现不同于普通单向链表的方法。

1. 添加元素

要在单向链表中将元素添加到循环链表中，必须构建一个新功能，以便新添加或追加的节点指向尾部节点。与单向链表实现相比，多出的一行用粗体显示，代码如下：

```
def append(self, data):
    node = Node(data)
    if self.head:
        self.head.next = node
        self.head = node
    else:
        self.head = node
        self.tail = node
    self.head.next = self.tail
    self.size += 1
```

2. 删除循环链表中的元素

要删除循环链表中的一个节点，操作方法与追加操作类似——只需确保头部指向尾部。在 delete 操作中只有一行需要更改。只有当删除了尾部节点时，才需要确保头部节点被更新为指向新的尾部节点。代码实现如下（粗体代码行是对单向链表中的删除操作实现的一个补充）：

```
def delete(self, data):
    current = self.tail
    prev = self.tail
    while current:
        if current.data == data:
            if current == self.tail:
                self.tail = current.next
                self.head.next = self.tail
            else:
                prev.next = current.next
            self.size -= 1
            return
        prev = current
        current = current.next
```

但是，这段代码有一个严重的问题。对于循环链表，不能一直循环到 current 变为 None，因为在循环链表中，当前节点永远不会指向 None。如果删除一个现有的节点，将不会看到这种情况，但是如果尝试删除一个不存在的节点，将会陷入一个无限循环。

因此，需要找到一种不同的方法来控制 while 循环。既然不能检查 current 是否已经到达 head，因为它永远不会检查最后一个节点，但可以用 prev，因为它比 current 滞后一个节点。然而，有一个特殊的情况，第一个循环迭代 current 和 prev 将指向同一个节点，即尾部节点。想要确保循环正常运行，需要考虑一个节点列表，更新后的 delete 方法如下：

```
def delete(self, data):
    current = self.tail
    prev = self.tail
    while prev == current or prev != self.head:
        if current.data == data:
            if current == self.tail:
                self.tail = current.next
                self.head.next = self.tail
            else:
                prev.next = current.next
            self.size -= 1
    return
    prev = current
    current = current.next
```

3. 遍历循环链表

要遍历循环链表，非常方便，因为不需要寻找起点。可以从任何地方开始，只需要在再次到达同一个节点时停止遍历即可。可以使用本章开头介绍过的 iter() 方法，它适用于循环列表操作，唯一的区别是，在遍历循环列表时，必须明确终止条件，否则程序将陷入循环。可以使用一个计数器变量来创建一个终止条件，示例代码如下：

```
words = CircularList()
words.append('eggs')
words.append('ham')
words.append('spam')
counter = 0
for word in words.iter():
    print(word)
    counter += 1
    if counter > 1000:
        break
```

一旦输出了 1000 个元素，就退出循环。

4.5 小 结

本章我们介绍了链表，研究了作为列表基础的概念，比如节点和指向其他节点的指针，实现了这些类型列表中的主要操作，并比较了最坏情况下的运行时间。

第 5 章中，将讲解另外两个通常使用列表实现的数据结构——栈和队列。

第5章 栈和队列

本章将在第4章学到的技能的基础上创建特殊的列表实现,在接下来的章节中深入了解更复杂的数据结构,理解栈和队列的概念。在 Python 中使用各种方法来实现这些数据结构,比如队列和节点。

本章目标:
- 使用各种方法实现栈和队列。
- 学会一些真实的栈和队列示例应用程序。

技术要求:

读者需有一个安装了 Python 的计算机,本章介绍的所有程序以及 GitHub 的链接地址为: https://github.com/PacktPublishing/Hands-On-Data-Structures-and-Algorithms-with-Python-Second-Edition/tree/master/Chapter05。

5.1 栈

栈是一种存储数据的数据结构,类似于厨房里的一堆盘子。你可以把一个盘子放在栈的顶部,当需要一个盘子的时候,从栈的顶部取出。最后一个被加到栈中的盘子将是第一个从栈中取出的。类似地,栈允许从一端存储和读取数据,最后添加的数据首先被取走。因此,栈是后进先出(LIFO)结构,如图 5-1 所示。

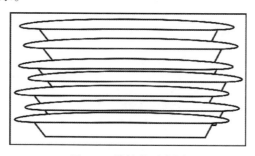

图5-1 栈结构示意图

图 5-1 描绘了一堆盘子,要向堆中添加一个盘子,只能将那个盘子留在堆上,要从一堆盘子中移走一个盘子,是指移走堆上的盘子。

栈有两个主要的操作——push 和 pop。当一个元素被添加到栈顶部时,它被压入栈;当一个元素要从栈顶部取出时，它将从栈中弹出。有时会使用另一个操作——peek，它可以看到栈顶部的元素，而不必取出它。

栈有很多用途，一个常见用法是在函数调用期间跟踪返回地址。假设有这样一个程序：

```
def b():
    print('b')
def a():
    b()
a()
print("done")
```

当程序执行对 a() 的调用时，会发生以下情况：

（1）它首先将当前指令的地址推入栈，然后跳转到 a() 的定义。

（2）在函数 a() 中，函数 b() 被调用。

（3）函数 b() 的返回地址被压入栈。

（4）一旦函数 b() 和函数中的指令执行完毕，返回地址就会从栈中弹出，并带回函数 a()。

（5）当函数 a() 中的所有指令都完成后，返回地址再次从栈中弹出，将返回到主函数和 print 语句。

栈还用于在函数之间传递数据。以下为函数调用 somefunc 代码：

```
somefunc(14, "eggs", "ham", "spam")
```

在内部发生的是，函数 14 传递的值以及 eggs、ham 和 spam 将被一次一个推到栈顶，如图 5-2 所示。

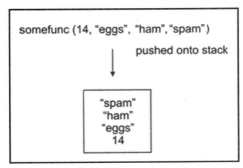

图 5-2　传递值示意图

当代码调用跳转到函数定义时，a、b、c、d 的值将从栈中弹出。spam 元素将首先弹出并分配给 d，然后 ham 将分配给 c，依次类推，代码如下：

```
def somefunc(a, b, c, d):
    print("function executed")
```

5.1.1　栈的实现

栈可以在 Python 中使用 node 实现。从创建一个 Node 类开始，代码如下：

```
class Node:
    def __init__(self, data=None):
        self.data = data
        self.next = None
```

这里，节点保存数据和对列表中下一节点的引用，实现的是栈而不是列表，但是节点的作用（通过引用链接在一起）却是相同的。

现在来看看 Stack 类。它以类似于单向链表的方式开始，需要两件事来实现一个使用节点的栈：

（1）需要知道哪个节点位于栈的顶部，以便能够通过这个节点应用 push 和 pop 操作。

（2）想要跟踪栈中的节点数量，需要在栈类中添加一个 size 变量，代码片段如下：

```
class Stack:
    def __init__(self):
        self.top = None
        self.size = 0
```

5.1.2　进栈操作

push 操作是栈上的一个重要操作，它用于在栈顶部添加一个元素。我们在 Python 中实现了 push 功能，以便于理解它是如何工作的。首先，检查栈中是否已经有一些项，或者希望在栈中添加一个新节点时，它是空的。

如果栈已经有一些元素，那么需要做两件事：

（1）新节点的下一个指针必须指向先前位于顶部的节点。

（2）将这个新节点放置在通过 self.top 所指向的栈顶，见图 5-3 的两条说明。

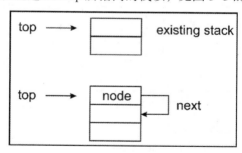

图5-3　指向栈顶示意图

如果现有的栈为空，而要添加的新节点是第一个元素，则需要将该节点设为元素的顶部节点。因此，self.top 将指向这个新节点，如图 5-4 所示。

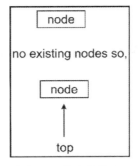

图 5-4 指向新节点

以下是栈中 push 操作的完整实现：

```python
def push(self, data):
    node = Node(data)
    if self.top:
        node.next = self.top
        self.top = node
    else:
        self.top = node
    self.size += 1
```

5.1.3 出栈操作

栈的另一个重要函数就是 pop 操作。

它读取栈的最顶层元素并将其从栈中移出，pop 操作返回栈的最顶层元素，如果栈为空，则返回 None。在栈上实现 pop 操作的过程如下：

（1）检查栈是否为空。在空栈上不允许弹出操作。

（2）如果栈不是空的，可以检查 top 节点的下一个属性是否指向其他节点。这意味着栈中有元素，并且最顶层的节点指向栈中的下一个节点。要应用 pop 操作，必须更改顶部指针，下一个节点应该在顶部，通过指向 self.top 到 self.top.next 来实现这一操作，请参考图 5-5 来理解这一点。

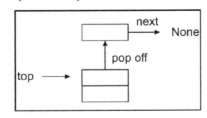

图 5-5 栈不为空时

（3）当栈中只有一个节点时，弹出 pop 操作后栈将为空，必须把顶部指针改为 None，如图 5-6 所示。

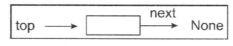

图5-6　栈中只有一个节点

（4）删除这样一个节点会导致self.head指向None，如图5-7所示。

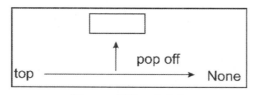

图5-7　删除一个节点

（5）如果栈不是空的，将栈的size减1。以下是Python中栈的pop操作的完整代码：

```python
def pop(self):
    if self.top:
        data = self.top.data
        self.size -= 1
        if self.top.next:
            self.top = self.top.next
        else:
            self.top = None
        return data
    else:
        return None
```

5.1.4　peek 操作

栈还具有另一个重要的操作——peek。此操作从栈中返回顶层元素，但不会将其从栈中删除。peek和pop之间唯一的区别是，peek只返回最顶层的元素；而pop返回最顶层的元素后，同时从栈中删除该元素。

peek操作允许在不改变栈的情况下查看顶层元素。这个操作很简单，如果存在顶层元素，则返回其数据；否则，返回None（因此，peek的行为与pop的行为相匹配），代码如下：

```python
def peek(self):
    if self.top
        return self.top.data
    else:
        return None
```

5.1.5　bracket-matching 应用程序

现在，来看看如何实现栈应用。这里，编写一个小函数来验证包含括号（(、[或 { ）的语句是否平衡，也就是说，右括号的数量是否与左括号的数量匹配。它还将确保一对括号确实包含在另一对括号中，示例代码如下：

```
def check_brackets(statement):
    stack = Stack()
    for ch in statement:
        if ch in ('{', '[', '('):
            stack.push(ch)
        if ch in ('}', ']', ')'):
            last = stack.pop()
            if last is '{' and ch is '}':
                continue
            elif last is '[' and ch is ']':
                continue
            elif last is '(' and ch is ')':
                continue
            else:
                return False
    if stack.size > 0:
        return False
    else:
        return True
```

函数解析传递给语句中的每个字符。如果它得到一个左括号，它就把它推入栈内；如果它得到一个右括号，它就会弹出栈的顶部元素，并比较这两个括号以确保它们的类型匹配：“（”应该匹配“）”、“[”应该匹配“]”和“{”应该匹配“}”。如果不匹配，则返回 False；否则；继续解析。

当到达语句的末尾时，需要做最后一次检查。如果栈为空，则返回 True。如果栈不为空，表示有一个没有匹配的右括号的左括号，将返回 False。可以用以下代码测试 bracket-matching:

```
sl = (
    "{(foo)(bar)}[hello](((this)is)a)test",
    "{(foo)(bar)}[hello](((this)is)atest",
    "{(foo)(bar)}[hello](((this)is)a)test))"
)
for s in sl:
    m = check_brackets(s)
    print("{}: {}".format(s, m))
```

三个语句中，只有第一个应该匹配，运行代码时，得到输出如图 5-8 所示。

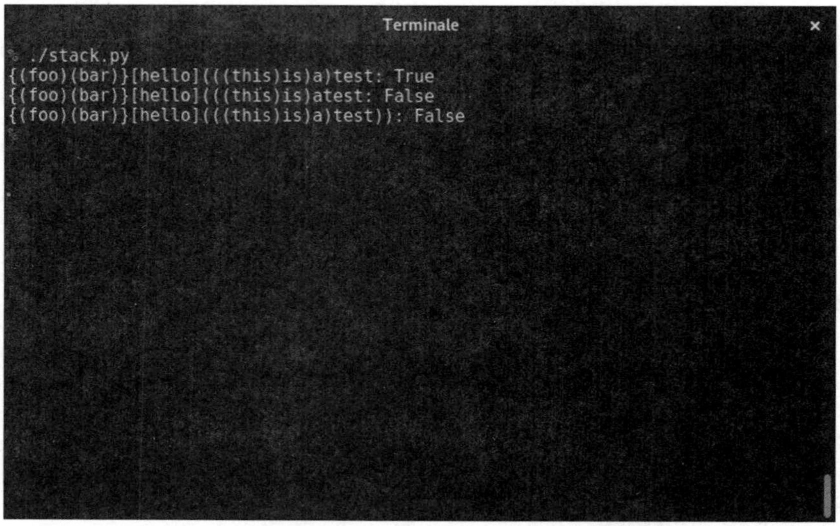

```
Terminale                                                    ×
 ./stack.py
{(foo)(bar)}[hello](((this)is)a)test: True
{(foo)(bar)}[hello](((this)is)atest: False
{(foo)(bar)}[hello](((this)is)a)test)): False
```

图5-8　输出界面

上述代码的输出为 True、False 和 False。

综上所述，栈数据结构的 push 和 pop 操作的复杂度为 $O(1)$。栈数据结构很简单，用于实现现实应用程序中的许多功能，浏览器中的后退和前进按钮就是使用栈实现的，栈也用于在字处理器中实现撤销和重做功能。

5.2　队　列

另一种特殊类型的列表是队列数据结构。队列数据结构与现实生活中习惯的常规队列非常相似，如果你在机场排队，或者在附近的商店排队买东西，那么你应该知道排队是怎么回事。

队列也是一个需要掌握的重要概念，因为许多其他数据结构都是建立在队列之上的。

队列的工作方式如下：第一个加入队列的人通常会先得到服务，每个人将按照加入队列的顺序得到服务，缩写 FIFO 是先进先出的意思，很好地解释了队列的概念。当人们排队等待别人为他们服务时，服务只会在队伍前面提供，人们只有在得到服务后，才会退出队列，而这种情况只发生在队列最前面，如图 5-9 所示。

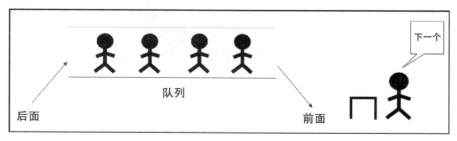

图5-9　队列工作方式

要加入队列，参与者必须站在队列最后一个人的后面，这是队列接受新加入者的唯一合法或被允许的方式，队列的长度无关紧要。

围绕相同的 FIFO 概念，我们将提供队列的各种实现。首先添加的项目是读取，调用向队列添加元素的操作作为 enqueue。当从队列中删除一个元素时，将其称为 dequeue（离开队列）操作。当一个元素进入队列时，队列的长度或大小将加 1。相反，退出队列时，队列的长度或大小将减 1。从队列中添加和删除元素的操作，如表 5-1 所列。

表 5-1　添加和删除元素

队列操作	大小	内　　容	操作结果
Queue()	0	[]	已创建的 Queue 对象为空
enqueue Packt	1	['Packt']	将一个项目包加入队列
enqueue Publishing	2	['Publishing','Packt']	在队列中又添加了一个条目项
Size()	2	['Publishing','Packt']	返回队列中的项目数在本例中为 2
dequeue()	1	['Publishing']	项目包被退出队列并返回（这个项目是先添加的，所以它是先删除的）
dequeue()	0	[]	发布项退出队列并返回（这是最后添加的项，所以它是最后返回的）

5.2.1　基于列表的队列

队列可以使用各种方法实现，如 list、stack 和 node，下面将逐一介绍这些实现队列的方法。首先使用 Python 的 list 类实现一个队列，这有助于我们快速了解队列。在队列上执行的操作被封装在 ListQueue 类中，代码如下：

```python
class ListQueue:
    def __init__(self):
        self.items = []
        self.size = 0
```

在初始化方法 __init__ 中，items 实例变量被设置为 []，这意味着队列在创建时为空，队列的大小也被设置为 0。

enqueue 和 dequeue 是队列中的重要方法，将在 5.2.2 节中进行介绍。

1. 入队操作

入队（enqueue）操作就是向队列中添加一个项。它使用 list 类的 insert 方法，在列表前面插入项（或数据）。enqueue 方法的实现参见下面的代码：

```python
def enqueue(self, data):
    self.items.insert(0, data)      # 始终在索引 0 处插入项
    self.size += 1                  # 将队列的大小增加 1
```

注意，如何使用 list 在队列中实现插入是很重要的。这个概念就是在列表中添加索引为 0 的项目，它是数组或列表中的第一个位置。例如，从一个空列表开始，首先，在索引 0 处添加一个项目 1；然后，在索引 0 处添加一个项目 2，它将把之前添加的项移到下一个索引。

接下来，当再次向索引为 0 的列表中添加一个新的项目 3 时，所有已经添加到列表中的项目都会移位。类似地，当在索引 0 处添加项目 4 时，列表中的所有项目都会移位，如图 5-10 所示。

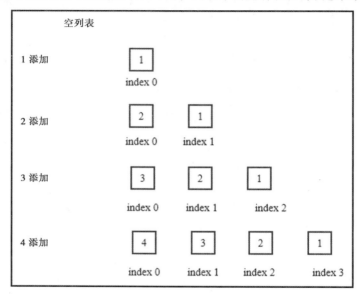

图 5-10　在空列表中添加新项目

因此，在使用 Python 列表实现的队列中，数组索引 0 是将新数据元素插入队列的唯一位置。插入操作将把列表中的现有数据元素向上移动一个位置，然后在索引 0 处创建的空间中插入新数据。

为了使队列反映新元素的添加，size 会加 1：

```
self.size += 1
```

 我们还可以在列表上使用 Python 的 shift 方法，作为实现在索引 0 处插入元素的另一种方法。

2. 出队操作

出队（dequeue）操作用于从队列中删除项目。这个方法从队列中返回最顶端的项目，并将其从队列中删除，下面是 dequeue 方法的实现：

```
def dequeue(self):
    data = self.items.pop()              # 从队列中删除最顶端的项目
    self.size -= 1                       # 将队列的大小减 1
    return data
```

Python 中的 list 类有一个名为 pop() 的方法。pop() 方法执行以下操作：

● 从列表中删除最后一项。

● 将删除的项目从列表中返回给调用它的用户或代码。

弹出列表中的最后一个项目并保存在 data 变量中。在方法的最后一行中，返回数据。

作为队列的实现，其中添加了三个元素：1、2 和 3。为了执行出队列操作，元素 1 的节点从队列的最前面被删除，因为它是首先被添加的，如图 5-11 所示。

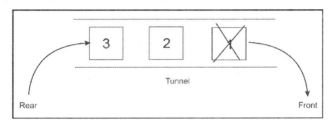

图 5-11　元素 1 被删除

删除后队列中的元素如图 5-12 所示。

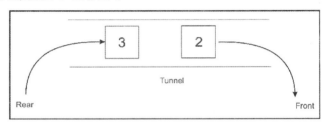

图 5-12　删除元素 1 后

由于排队操作必须将所有元素移动一个空格，效率非常低。想象一下，在一个列表中有 100 万个元素，当一个新元素被添加到队列中时，这些元素就需要移动，这将使大型列表的排队过程非常缓慢。

5.2.2　基于栈的队列

队列也可以使用两个栈来实现。我们最初设置了两个实例变量，以便在初始化时创建一个空队列，这些栈将有助于队列的实现。在本例中，栈只是 Python 列表，允许我们对它们调用 push 和 pop 方法，最终允许获得入队和出队操作的功能。以下是队列类 Queue：

```
def __init__(self):
    self.inbound_stack = []
    self.outbound_stack = []
```

inbound_stack 仅用于存储添加到队列中的元素，而不能在此栈上执行其他操作。

1. 入队操作

enqueue 方法用于向队列中添加元素。这个方法非常简单，只接收要追加到队列的元素，然后，将元素传递给 queue 类中的 inbound_stack 的 append 方法。此外，append 方法用于模拟 push

操作，该操作将元素推到栈的顶部。以下代码是在 Python 中使用栈实现排队：

```python
def enqueue(self, data):
    self.inbound_stack.append(data)
```

要将元素排队到 inbound_stack 上，代码如下：

```python
queue = Queue()
queue.enqueue(5)
queue.enqueue(6)
queue.enqueue(7)
print(queue.inbound_stack)
```

inbound_stack 在队列中的命令行输出结果如下：

```
[5、6、7]
```

2. 出队操作

dequeue 操作用于按照添加的顺序从队列中删除元素。添加到队列中的新元素最终进入 inbound_stack，但没有从 inbound_stack 中删除元素，而是将注意力转移到另一个栈，即 outbound_stack。只能通过 outbound_stack 从队列中删除元素。

为了理解如何使用 outbound_stack 从队列中删除项目，考虑以下示例：初始 inbound_stack 被元素 5、6、7 填充，如图 5-13 所示。

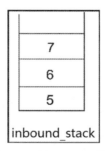

图5-13　被5、6、7填充

首先，检查 outbound_stack 是否为空。开始时，outbound_stack 为空，所以使用栈上的 pop 操作将 inbound_stack 的所有元素移动到 outbound_stack。然后，inbound_stack 变为空，而 outbound_stack 保存了元素，如图 5-14 所示。

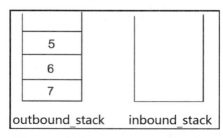

图5-14　检查outbound_stack是否为空

如果 outbound_stack 不是空的，则使用 pop 操作从队列中删除元素。在图 5-14 中，当对 outbound_stack 应用 pop 操作时，得到了元素 5，因为它是首先被添加的，并且应该是第一个从队列中弹出的元素。这使得 outbound_stack 只剩两个元素，如图 5-15 所示。

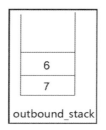

图 5-15　只剩两个元素

下面是队列的 dequeue 方法的实现：

```
def dequeue(self):
    if not self.outbound_stack:
        while self.inbound_stack:
            self.outbound_stack.append(self.inbound_stack.pop())
    return self.outbound_stack.pop()
```

if 语句首先检查 outbound_stack 是否为空，如果不为空，继续使用 pop 方法删除队列前面的元素，代码如下所示：

```
return self.outbound_stack.pop()
```

如果 outbound_stack 为空，则在弹出队列的第一个元素之前，inbound_stack 中的所有元素都移动到 outbound_stack 中，代码如下：

```
while self.inbound_stack:
    self.outbound_stack.append(self.inbound_stack.pop())
```

只要 inbound_stack 中还有元素，while 循环就会继续执行。

self.inbound_stack.pop() 语句将删除添加到 inbound_stack 的最新元素，并立即将弹出的数据传递给 self.outbound_stack.append() 方法进行调用。

考虑一个示例代码来理解队列上的操作。首先使用队列实现在队列中添加 3 个元素，即 5、6 和 7。接下来，用出队操作从队列中删除元素，代码如下：

```
queue = Queue()
queue.enqueue(5)
queue.enqueue(6)
queue.enqueue(7)
print(queue.inbound_stack)
queue.dequeue()
print(queue.inbound_stack)
print(queue.outbound_stack)
```

```
queue.dequeue()
print(queue.outbound_stack)
```

上述代码结果输出如下：

```
[5, 6, 7]
[]
[7, 6]
[7]
```

上面的代码片段首先将元素添加到队列中，然后输出队列中的元素。接下来，调用 dequeue 方法，在再次出队时，能够观察到元素数量的变化。

实现一个有两个栈的队列是非常重要的，在面试过程中经常会被问到这方面的问题。

5.2.3　基于节点的队列

使用 Python 列表来实现队列，是了解队列工作方式的一个很好的方法，也可以利用指针结构来实现自己的队列数据结构。可以使用双向链表实现队列，并在该数据结构上进行插入和删除操作，其时间复杂度为 $O(1)$。

节点类的定义与双向链表中定义的节点相同，如果双向链表支持 FIFO 类型的数据访问，则可以将其视为队列，其中添加到列表中的第一个元素是第一个被删除的元素。

1. 队列类

队列（Queue）类与双向链表（list）类和 Node 类非常相似，可以在双向链表中添加节点，代码如下：

```
class Node(object):
    def __init__(self, data=None, next=None, prev=None):
        self.data = data
        self.next = next
        self.prev = prev
class Queue:
    def __init__(self):
        self.head = None
        self.tail = None
        self.count = 0
```

最初，在创建 Queue 类的实例时，self.head 和 self.tail 被设置为 None。为了保存队列中节点数量的计数，这里还维护了 count 实例变量，初始设置为 0。

2. 队列的操作

元素通过 enqueue 方法添加到 Queue 对象，元素或数据通过节点添加。enqueue 方法代码非常类似于第 4 章中介绍过的双向链表的追加操作。

入队操作根据传递给它的数据创建一个节点，并将其追加到队列尾部。如果队列为空，
self.head 和 self.tail 指向新创建的节点，元素的总数增加（self.count += 1）。如果队列不为空，则将
新节点的前一个指针（或变量），设置为列表的尾部，尾部的下一个指针设置为新节点。最后，更
新尾部指针以指向新节点，如下面代码所示：

```python
def enqueue(self, data):
    new_node = Node(data, None, None)
    if self.head is None:
        self.head = new_node
        self.tail = self.head
    else:
        new_node.prev = self.tail
        self.tail.next = new_node
        self.tail = new_node
    self.count += 1
```

3. 出队操作

使双向链表表现为队列的另一个操作是 dequeue 方法，此方法删除队列前面的节点。删除
self.head 所指向的第一个元素，使用 if 语句：

```python
def dequeue(self):
    current = self.head
    if self.count == 1:
        self.count -= 1
        self.head = None
        self.tail = None
    elif self.count > 1:
        self.head = self.head.next
        self.head.prev = None
        self.count -= 1
```

current 通过指向 self.head 来初始化。如果 self.count 为 1，意味着列表中只有一个节点，而且总是在
队列中。因此，如果要移除相关的节点（由 self.head 指向），要将 self.head 和 self.tail 变量设置为 None。

如果队列中有许多节点，则 self.head 指针被移动到 self.head 之后的下一个节点。

在执行 if 语句之后，方法返回 head 所指向的节点。当计数最初为 1 或大于 1 时，self.count 递
减 1。利用这些方法，我们实现了一个队列，这里大量借鉴了双向链表的思想。

还要记住，将双向链表转换为队列的两种方法：enqueue 和 dequeue。

5.2.4　队列的应用

在许多真实的基于计算机的应用程序中，可以使用队列实现各种功能。例如，不必为网络上
的每台计算机单独提供打印机，而是通过对每台计算机想要打印的内容进行排队，使计算机网络

共享一台打印机。当打印机准备打印时，它会从队列中选择一个项目（通常称为作业）打印出来，并按照计算机发出的不同命令顺序，打印计算机先发出的命令。

操作系统也对 CPU 执行的进程进行排队。创建一个应用程序，利用队列来实现一个基本的音乐播放器。

音乐播放器队列

大多数音乐播放器软件都允许用户将歌曲添加到播放列表中。单击播放按钮后，主播放列表中的所有歌曲都会依次播放。可以使用队列来实现歌曲的顺序播放，因为队列的第一首歌曲就是要播放的第一首歌曲，这与 FIFO 首字母缩写一致，自己的播放列表以 FIFO 方式播放歌曲。

我们的音乐播放器队列只允许添加歌曲和以一种方式来播放队列中的所有歌曲。在一个成熟的音乐播放器中，采用线程来改进队列的交互方式，而音乐播放器将继续用于选择要播放、暂停，甚至停止的下一首歌曲。

Track 类将模拟音乐轨道（音轨），代码如下：

```python
from random import randint
class Track:
    def __init__(self, title=None):
        self.title = title
        self.length = randint(5, 10)
```

每个音轨都包含对歌曲标题和歌曲长度的引用。这首歌的长度是 5 到 10 之间的随机数字。Python 中的 random 模块提供了 randint 函数，能够生成随机数。这个类表示包含歌曲的任何 MP3 音轨或文件，音轨的随机长度用于模拟播放歌曲或音轨所需的时间。

为了创建一些音轨并输出它们的长度，我们进行了以下操作：

```python
track1 = Track("white whistle")
track2 = Track("butter butter")
print(track1.length)
print(track2.length)
```

上述代码输出如下：

```
6
7
```

两个音轨生成的随机长度不同，结果输出可能会不同。现在，使用继承创建队列，可以简单地从 Queue 类继承，代码如下：

```python
import time
class MediaPlayerQueue(Queue):
    def __init__(self):
        super(MediaPlayerQueue, self).__init__()
```

通过调用 super 来初始化队列，这个类本质上是一个队列，它在队列中保存了许多 track 对象。要将音轨添加到队列中，需要创建一个 add_track 方法，代码如下：

```
def add_track(self, track):
    self.enqueue(track)
```

该方法将一个 track 对象传递给 Queue 类的 enqueue 方法。实际上，使用 track 对象（作为节点的数据）创建一个节点，并将尾部（如果队列不为空）或头部和尾部（如果队列为空）指向这个新节点。

假设队列中的音轨从第一首到最后一首（FIFO）按顺序播放，那么 play 函数需要循环遍历队列中的元素：

```
def play(self):
    while self.count > 0:
        current_track_node = self.dequeue()
        print("Now playing {}".format(current_track_node.data.title))
        time.sleep(current_track_node.data.length)
```

self.count 记录歌曲添加到队列中的时间以及歌曲退出队列的时间。如果队列不是空的，对 dequeue 方法的调用将返回队列前面的节点（其中包含 track 对象）。然后，print 语句通过节点的 data 属性访问音轨的标题。为了进一步模拟音轨的播放，time.sleep() 方法会暂停程序的执行，直到音轨结束的秒数，代码如下：

```
time.sleep (current_track_node.data.length)
```

音乐播放器队列由节点组成，当一个音轨添加到队列中时，该音轨将隐藏在新创建的节点中，并与该节点的 data 属性相关联。这就解释了为什么通过调用 dequeue 方法返回的节点的 data 属性能够访问节点的 track 对象，如图 5-16 所示。

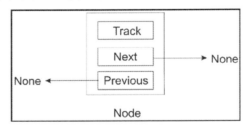

图 5-16　调用dequeue方法返回的节点的data属性访问

可以看到，Node 对象不只是存储数据，它在本例中还存储了音轨（track）。

让我们带着自己的音乐播放器转一圈，代码如下：

```
track1 = Track("white whistle")
track2 = Track("butter butter")
track3 = Track("Oh black star")
track4 = Track("Watch that chicken")
track5 = Track("Don't go")
```

这里，创建了 5 个带有随机单词的音轨对象作为标题：

```
print(track1.length)
print(track2.length)
```

```
>> 8
>> 9
```

由于长度是随机的，所以输出应该与实际机器上得到的结果不同。

接下来，创建 MediaPlayerQueue 类的一个实例，方法如下：

```
media_player = MediaPlayerQueue()
```

添加音轨，按照排队时的顺序，play 函数输出正在播放的音轨，代码如下：

```
media_player.add_track(track1)
media_player.add_track(track2)
media_player.add_track(track3)
media_player.add_track(track4)
media_player.add_track(track5)
media_player.play()
```

上述代码结果输出如下：

```
>>Now playing white whistle
>>Now playing butter butter
>>Now playing Oh black star
>>Now playing Watch that chicken
>>Now playing Don't go
```

当程序执行时，可以看到音轨是按照排队的顺序播放的，当播放音轨时，系统的暂停时间为音轨的秒数。

5.3 小 结

在这一章中，将节点连接在一起用于创建其他数据结构，即栈和队列，可以看到这些数据结构是如何在现实世界中密切模拟栈和队列的。介绍了具体的实现和类型，并应用栈和队列的概念来编写真实的程序。

第 6 章将介绍树及其主要操作，以及它们的数据结构和应用领域。

第6章　树

树是一种分层形式的数据结构。对于我们之前介绍过的其他数据结构，如列表、队列和栈，这些对象是以顺序的方式存储的。但是，在树数据结构中，对象之间存在父子关系。树的数据结构的顶部称为根节点，是树中所有其他节点的祖先。

树数据结构非常重要，在各种重要场合都有应用。树可以用于很多方面，如解析表达式、搜索、存储、运算、排序和优先队列，等等。一些文档类型，如 XML 和 HTML，也可以用树形式表示。这一章将介绍树的一些用途。

本章目标：

● 树的术语和定义。

● 二叉树和二叉搜索树。

● 树遍历。

● 三叉搜索树。

技术要求：

本章源代码在 GitHub 上，网址：https://github.com/PacktPublishing/Hands-On-Data-Structures-and-Algorithms-with-Python-3.x-Second-Edition/tree/master/Chapter06。

6.1　术　语

要了解树，首先需要了解与树相关的基本概念。树是一种数据结构，其中数据以层次结构的形式组织。图 6-1 为一个典型的树，由字母从 A 到 M 的字符节点组成。

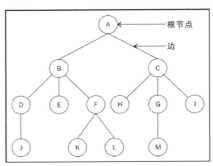

图6-1　典型的树

以下是一些与树相关的术语。

- **节点**：图6-1中每个圆圈里的字母代表一个节点。节点是实际存储数据的数据结构。
- **根节点**：根节点是树中连接所有其他节点的第一个节点。在每棵树中，总有一个唯一的根节点。图6-1中的根节点是节点A。
- **子树**：其节点是其他树的后代的树。例如，节点F、K、L构成原树的子树，由所有节点组成。
- **度**：给定节点的子节点总数称为该节点的度。只有一个节点组成的树的度为0。图6-1中节点A的度为2，节点B的度为3，节点C的度为3，节点G的度为1。
- **叶节点**：叶节点没有任何子节点，是给定树的终端节点。叶节点的度总是0。在图6-1中，节点J、E、K、L、H、M、I都是叶节点。
- **边**：树中任意两个给定节点之间的连接称为边。给定树的总边数最多比树的总节点数少1。
- **父节点（双亲节点）**：树中还有一个子树的节点是该子树的双亲节点。例如，节点B是节点D、E、F的双亲节点，节点F是节点K、L的双亲节点。
- **子节点**：连接到双亲节点的节点。例如，节点B和C是节点A的子节点，节点H、G、I是节点C的子节点。
- **兄弟节点**：所有具有相同双亲节点的节点都是兄弟节点。例如，节点B和C是兄弟节点，同样，节点D、E和F也是兄弟节点。
- **层级**：树的根节点在0级。根节点的子节点在1级，1级节点的子节点在2级，依次类推。例如，根节点为0级，节点B和C为1级，节点D、E、F、H、G和I为2级。
- **树的高度**：树的最长路径上的节点总数就是树的高度。例如，在前面的示例树中，树的高度为4，最长路径A—B—D—J或A—C—G—M或A—B—F—K，各有4个节点。
- **深度**：节点的深度是从树的根到该节点的边的数量。在上面的示例树中，节点H的深度为2。了解了树中的节点和抽象类后，下面开始讲解树的相关知识。

6.2　树节点

在线性数据结构中，数据项以一个接一个的顺序存储，而非线性数据结构以非线性顺序存储数据项，其中一个数据项可以连接到多个数据项。线性数据结构中的所有数据项都可以一次遍历，而在非线性数据结构中是不可能的。树是非线性的数据结构，它们存储数据的方式不同于其他线性数据结构，如数组、列表、栈和队列。

在树形数据结构中，节点以父子关系排列，树中的节点之间不应该有任何循环。树结构由节点来构成层次结构，没有节点的树称为空树。

首先，来看一种最重要、最特殊的树——二叉树。二叉树是节点的集合，树中的节点可以有0个、1个或2个子节点。一个简单的二叉树最多有2个子节点，也就是左子节点和右子节点。例如，在图6-2中的二叉树示例中，有一个根节点，有2个子节点（左子节点、右子节点）。

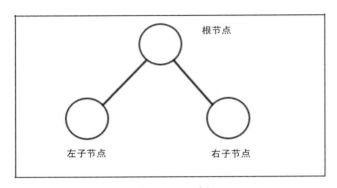

图6-2 二叉树

如果一棵二叉树的所有节点都有 0 或 2 个子节点，或者没有节点只有 1 个子节点，那么这棵树就被称为全二叉树。如果一棵二叉树被完全填满，那么它就被称为完全二叉树，可能在底层有一个例外，它是从左到右被填满的。

与之前的实现一样，节点是数据的容器，并保存对其他节点的引用。在二叉树节点中，这些引用指向左子节点和右子节点。在 Python 中构建二叉树节点类的代码如下：

```python
class Node:
    def __init__(self, data):
        self.data = data
        self.right_child = None
        self.left_child = None
```

要测试这个类，必须先创建四个节点——n1、n2、n3 和 n4：

```python
n1 = Node("root node")
n2 = Node("left child node")
n3 = Node("right child node")
n4 = Node("left grandchild node")
```

接下来，根据二叉树的属性将节点相互连接起来。将 n1 作为根节点，n2 和 n3 作为它的子节点，再把 n4 作为 n2 的左子树，如图 6-3 所示。

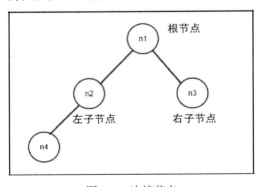

图6-3 连接节点

按照上面的图连接节点，代码片段如下：

```
n1.left_child = n2
n1.right_child = n3
n2.left_child = n4
```

这里，设置了一个非常简单的树结构，有4个节点。想要在树上执行的第一个重要操作是遍历。例如，遍历这个二叉树的左子树。从根节点开始，输出节点，然后向下移动到树的下一个左侧节点。一直这样做，直到到达左子树的末尾，代码如下：

```
current = n1
while current:
    print(current.data)
    current = current.left_child
```

遍历上述代码块的输出如下：

```
root node
left child node
left grandchild node
```

6.3 树遍历

访问树中所有节点的方法称为树遍历，这可以通过深度优先搜索（DFS）或广度优先搜索（BFS）来实现，本节将介绍这两种方法。

6.3.1 深度优先搜索

在深度优先搜索中，遍历树是从根开始的，在每个子节点上采用递归方法遍历树，尽可能深入到树中，然后继续遍历下一个兄弟节点。有三种形式的深度优先搜索：中序、前序和后序。

1. 中序遍历和中缀表示法

中序树遍历的工作如下：检查当前节点是 null 还是空（empty），如果不为空，就遍历树。在中序树遍历中，遵循以下步骤：

（1）遍历左子树并递归地调用 inorder 函数。

（2）访问根节点。

（3）遍历右边的子树，递归地调用 inorder 函数。

因此，在中序树遍历中，按照左子树、根、右子树的顺序访问树中的节点，如图 6-4 所示。

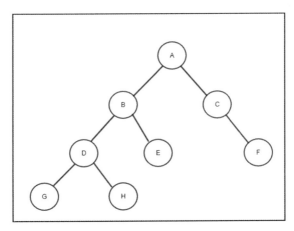

图 6-4 中序树遍历

中序遍历二叉树，首先，递归访问根节点的左子树的根节点 B，从而递归地得到根节点的左子树 D。

首先，遍历左子节点 G，然后访问根节点 D，最后再遍历右子节点 H。

其次，访问节点 B，而后访问节点 E。这样，就访问了根节点 A 的左子树。接下来，访问根节点 A。

最后，访问根节点 A 的右子树。首先访问根节点 C 的左子树，它为空，因此接下来访问节点 C，然后访问节点 C 的右子树，即节点 F。

因此，本例树的中序遍历为 G–D–H–B–E–A–C–F。

Python 实现了一个递归函数来返回树中节点的 inorder 列表如下：

```
def inorder(self, root_node):
    current = root_node
    if current is None:
        return
    self.inorder(current.left_child)
    print(current.data)
    self.inorder(current.right_child)
```

输出已访问节点来访问该节点。在这种情况下，首先递归地调用 current.left_child 的 inorder 函数，然后访问根节点 left_child，最后再次递归调用 inorder 函数访问 current.right_child。

中缀表示法是一种常用的算术表达式的表示法，其中操作符被放置在操作数之间，如 3 + 4。必要时，可以使用括号构建更复杂的表达式，如 (4 + 5)*(5 − 3)。

表达式树是一种特殊的二叉树，可以用来表示算术表达式，这种对表达式树的中序遍历产生了中缀表示法，表达式树如图 6-5 所示。

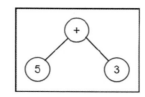

图6-5　表达式树

前面的树的中序遍历，给出了中缀表达式: (5+3)。

2. 前序遍历和前缀表示法

前序遍历的工作如下: 检查当前节点是 null 还是空 empty，如果不为空，则遍历树。前序树遍历的步骤如下:

（1）从根节点开始遍历。

（2）遍历左子树并使用左子树递归地调用 preorder 函数。

（3）访问右子树并使用右子树递归地调用 preorder 函数。

因此，前序遍历按照根节点、左子树和右子树的顺序访问树。以图 6-6 的树为示例来讲解前序遍历。

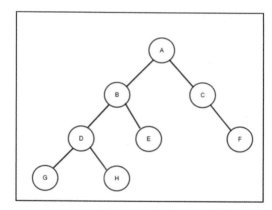

图6-6　示例树

在图 6-6 所示的二叉树的示例中，首先访问根节点 A；接着将根节点 A 的左子树 B 作为根节点，访问左子树 B 的左子树 D；接下来将左子树 D 作为根节点，访问左子树 D 的左子树 G，然后访问左子树 D 的右子树 H；接着再访问左子树 B 的右子树 E；最后访问根节点 A 的右子树 C，之后访问右子树 C 的右子树 F（因为右子树 C 的左子树为 null，所以直接访问右子树即可）。

这个示例树的前序遍历是 A–B–D–G–H–E–C–F。

前序树遍历递归函数如下:

```python
def preorder(self, root_node):
    current = root_node
    if current is None:
        return
```

```
print(current.data)
self.preorder(current.left_child)
self.preorder(current.right_child)
```

前缀表示法通常被称为波兰表示法。这种表示法中，操作符出现在操作数之前，前缀表示法对于 LISP 程序员来说是很熟悉的。例如，将两个数 3 和 4 相加的算术表达式显示为 + 3 4。由于没有优先级的歧义性，所以不需要括号，如 * + 4 5 - 5 3。

又如 (3 +4)* 5，可以用前缀表示法表示为 *(+ 3 4)5。表达式树的前序遍历会产生算术表达式的前缀表示法，如图 6-7 所示的表达式树。

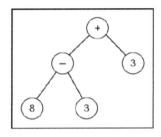

图6-7 表达式树（1）

树的前序遍历将以前缀表示法给出表达式为：+-8 3 3。

3. 后序遍历和后缀表示法

后序树遍历的工作如下：检查当前节点是 null 还是空，如果不为空，就遍历树。后序树遍历的工作原理如下：

（1）遍历左子树并递归地调用 postder 函数。

（2）遍历右子树并递归地调用 postder 函数。

（3）访问根节点。

因此，后序树遍历按照左子树、右子树、根节点的顺序访问树中的节点。以图 6-8 所示的示例树来讲解后序树遍历。

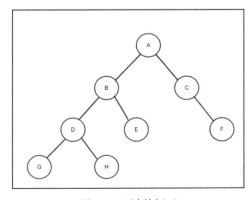

图6-8 示例树（1）

在图 6-8 中，首先递归地访问根节点 A 的左子树，然后访问右子树。也就是说，先顺序地访问左子树 D 的左子节点 G，然后访问右子节点 H；接下来访问左子树 D，然后访问右子树 E；接着访问左子树 B，然后访问右子树 C 的右子节点 F，之后访问右子树 C；最后访问根节点 A。

这个示例树的后序遍历是 G–H–D–E–B–F–C–A。

树的后序遍历方法实现如下：

```python
def postorder(self, root_node):
    current = root_node
    if current is None:
        return
    self.postorder(current.left_child)
    self.postorder(current.right_child)
    print(current.data)
```

后缀或逆波兰表示法（RPN）将运算符放在其操作数之后，如 3 4 +。与波兰符号的情况一样，操作符的优先级没有进一步混淆，所以不需要括号，如 4 5 + 5 3 – *。

表达式树的后序遍历给出的算术表达式的后缀表示法如图 6-9 所示。

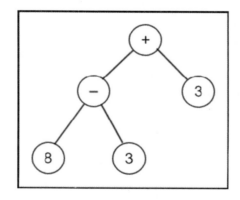

图6-9　后缀表示法

后序遍历树，表达式的后缀表示法是 8 3 –3 +。

6.3.2　广度优先搜索

广度优先搜索从树的根开始，然后访问树的下一层上的每个节点，再移动到树的下一层，依次类推。这种广度优先搜索，在深入树之前遍历一个层次的所有节点，从而扩展了树。

使用广度优先搜索方法遍历的过程如图 6-10 所示。

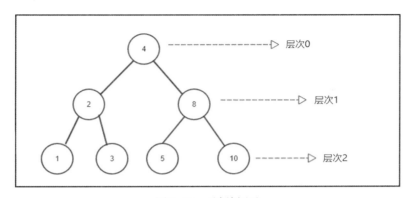

图6-10　示例树（2）

在图 6-10 中，首先访问层次 0 的根节点，即值为 4 的节点；接下来，移动到层次 1，并访问该层次上的所有节点，即值为 2 和 8 的节点；最后，移动层次 3，并访问这一层的所有节点，即值为 1、3、5 和 10 的节点。

因此，该树的广度优先树遍历如下：4、2、8、1、3、5 和 10。

这种遍历模式是使用队列数据结构来实现的。从根节点开始，将其放入队列中。访问（离开队列）队列前面的节点，输出或存储以供以后使用。左边的节点被添加到队列中，后面跟着右边的节点。因为队列不是空的，所以重复这个过程。

此算法的 Python 实现将把根节点 4 放入队列，将它从队列中取出，然后访问该节点。接下来，节点 2 和 8 分别作为下一层次的左子节点和右子节点进入队列。节点 2 退出队列，以便可以访问它。接下来，它的左子节点和右子节点，即节点 1 和 3，进入队列。此时，队列前面的节点是 8。我们退出队列并访问节点 8，然后将其左右子节点加入队列。这个过程一直持续到队列为空。

广度优先搜索的 Python 实现如下：

```python
from collections import deque
class Tree:
    def breadth_first_traversal(self):
        list_of_nodes = []
        traversal_queue = deque([self.root_node])
```

对根节点进行排队，并在 list_of_nodes 列表中保存访问过的节点列表。

dequeue 类用于维护队列的代码如下：

```python
while len(traversal_queue) > 0:
    node = traversal_queue.popleft()
    list_of_nodes.append(node.data)
        if node.left_child:
            traversal_queue.append(node.left_child)
        if node.right_child:
            traversal_queue.append(node.right_child)
return list_of_nodes
```

如果遍历队列 traversal_queue 中的元素数大于 0，则执行循环体。队列前面的节点被弹出并追加到 list_of_nodes 列表。假如第一个 if 语句具有左子节点，第一个 if 语句将进入左子节点 if 队列。第二个 if 语句对右子节点执行相同的操作。list_of_nodes 列表在最后一个语句中返回。

6.4　二叉树

二叉树的每个节点最多有两个子节点。二叉树中的节点以左子树和右子树的形式进行组织。如果树有根 R 和两个子树，也就是左子树 T1 和右子树 T2，那么它们的根是分别调用左继承者和右继承者。

有 5 个节点的二叉树的例子如图 6-11 所示。

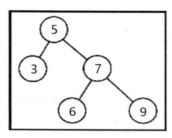

图6-11　二叉树(5个节点)

对图 6-11 进行如下观察：
- 每个节点都包含一个对左节点和右节点的引用，如果节点不存在，则根节点用 5 表示，根节点有两棵子树，其中左子树有一个节点，即一个值为 3 的节点，右子树有三个节点，值为 7、6 和 9 的节点。
- 值为 3 的节点是左后继节点，值为 7 的节点是右后继节点。

没有其他关于正常二叉树元素的排列规则，只需满足节点最多有两个子节点的条件。

6.4.1　二叉搜索树

二叉搜索树（BST）是一种特殊的二叉树，它是计算机科学应用中最重要和最常用的数据结构之一。二叉搜索树在结构上是一棵二叉树，节点中能够有效地存储数据，它提供了非常快速的搜索操作，执行其他操作如插入和删除也非常容易和方便。

如果二叉树中任意节点的值大于其左子树中所有节点的值，且小于或等于其右子树中所有节点的值，则称为二叉搜索树。例如，如果 K1、K2、K3 是三节点树中的键 / 值，图 6-12 描述了这一点，则应满足以下条件：
- K2 ≤ K1 的键 / 值。
- K3 > K1 的键 / 值。

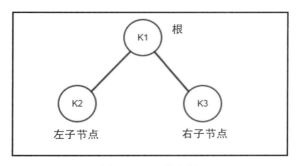

图6-12 三节点树

为更好地理解二叉搜索树，请看图6-13所示的例子。

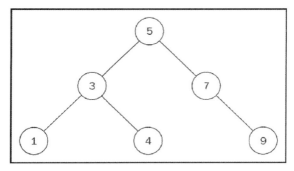

图6-13 二叉搜索树

这是一个BST的例子。在这棵树中，左边子树中的所有节点都小于或等于那个节点的值，而该节点右子树中的所有节点都大于双亲节点。

在测试树中BST的属性时，注意到根节点的左子树中的所有节点的值都小于5，同时，右子树中的所有节点的值都大于5。此属性适用于BST中的所有节点，没有例外。

图6-14为另一个二叉树的例子，看看它是不是一个二叉搜索树。尽管下面的图看起来与前面的图类似，但由于节点7大于根节点5，因此不能作为BST；而且，节点4为其双亲节点7的右子树，节点4小于节点7。因此，图6-14不是一个二叉搜索树。

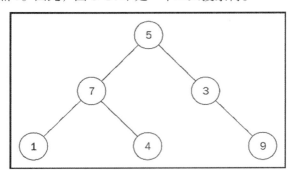

图6-14 非二叉搜索树

6.4.2　二叉搜索树实现

用 Python 实现 BST，需要跟踪树的根节点，所以首先需要创建一个树类，它包含对根节点的引用，代码如下：

```
class Tree:
    def __init__(self):
        self.root_node = None
```

这就是维护树的状态所需要的全部内容，下面将介绍树的主要操作。

6.4.3　二叉搜索树操作

可以在二叉搜索树上执行的操作有插入、删除、查找最小值节点、查找最大值节点、搜索等，本节将介绍这些操作。

1. 查找最小值节点和最大值节点

二叉搜索树的结构，使得最大值节点或最小值节点的搜索非常容易。

为了找到树中最小值的节点，从树的根开始遍历，每次都访问左子节点，直到到达树的末尾。类似地，递归遍历右子树，直到到达树的末尾，找到树中最大值的节点。

如图 6-15 所示，从节点 6 向下移动到节点 3，然后从节点 3 向下移动到节点 1，以找到最小值的节点。类似地，要在树中找到最大值的节点，从根到树的右边，然后从节点 6 到节点 8，再从节点 8 到节点 10，来找到最大值的节点。

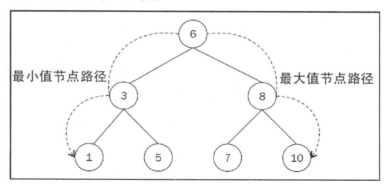

图6-15　BST树

这个寻找最小值节点和最大值节点的概念也适用于子树。例如，具有根节点 8 的子树中的最小值节点为节点 7，类似地，在该子树中最大值节点是节点 10。采用 Python 代码返回最小值节点的方法如下：

```
def find_min(self):
    current = self.root_node
```

```
    while current.left_child:
        current = current.left_child
    return current
```

while 循环继续获取左侧节点并访问它，直到最后一个左侧节点指向 None，这是一个非常简单的方法。

类似地，下面是返回最大值节点的方法的代码：

```
def find_max(self):
    current = self.root_node
    while current.right_child:
        current = current.right_child
    return current
```

在 BST 中寻找最小值或最大值的运行时间复杂度为 $O(h)$，其中 h 是树的高度。

实际上还有另外两个操作，即插入和删除，它们对 BST 来说非常重要。在对树进行这些操作时，维护 BST 树的属性是很重要的。

2. 插入节点

在二叉搜索树上实现的最重要的操作之一就是在树中插入数据项。正如已经介绍过的，关于二叉搜索树的属性，对于树中的每个节点，左边的子节点应该包含小于其根节点值的数据，而右边的子节点应该包含大于其根节点值的数据。所以，在树中插入一项时，必须满足二叉搜索树的这个属性。

例如，通过在树中插入值 5、3、7 和 1 来创建一个二叉搜索树。

考虑如下：

（1）**插入 5**：从第一个值 5 开始。为此，创建一个值为 5 的节点，因为它是第一个节点。

（2）**插入 3**：添加值为 3 的第二个节点，将值 3 与根节点现有的值 5 进行比较：因为值 3 小于 5，所以它将被放在节点 5 的左子树中。

现有的 BST 如图 6-16 所示。

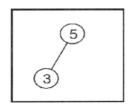

图6-16 现有的BST

树满足 BST 规则，左边子树中的所有节点都小于双亲节点。

（3）**插入 7**：为了向树中添加另一个值为 7 的节点，从值为 5 的根节点开始进行比较，如图 6-17 所示。

图6-17 插入7

因为 7 大于 5, 值为 7 的节点被放在这个根节点的右边。

（4）**插入 1**: 添加另一个值为 1 的节点。从树的根开始, 对 1 和 5 进行比较, 如图 6-18 所示。

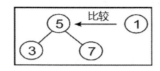

图6-18　插入1

比较后, 发现 1 小于 5, 所以转到 5 的左节点, 也就是值为 3 的节点, 如图 6-19 所示。

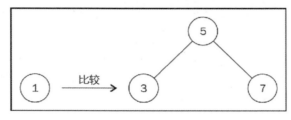

图6-19　转到5的左节点

当比较 1 和 3 时, 发现 1 小于 3, 将节点 3 下面的一个级别移动到它的左边。因为这里没有节点, 所以要创建一个值为 1 的节点, 并将其与节点 3 的左指针关联, 以获得以下结构, 最终成为具有四个节点的二叉搜索树, 最终结构如图 6-20 所示。

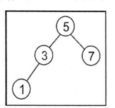

图6-20　有四个节点

可以看到, 这个例子只包含整数或数字。但是, 如果需要将字符串数据存储在二叉搜索树中, 字符串将按字母顺序进行比较。而且, 如果想在 BST 中存储自定义数据类型, 必须确保支持的类排序。

在 BST 中添加节点的 insert 方法的 Python 实现如下:

```python
def insert(self, data):
    node = Node(data)
    if self.root_node is None:
        self.root_node = node
    else:
        current = self.root_node
        parent = None
        while True:
            parent = current
```

```
        if node.data < parent.data:
            current = current.left_child
            if current is None:
                    parent.left_child = node
                    return
        else:
                current = current.right_child
                if current is None:
                    parent.right_child = node
                    return
```

现在，我们一步一步地理解这个插入函数的每个指令。先从函数声明开始：

```
def  insert(self, data):
```

我们已经习惯于将数据封装在一个节点中。这样，我们就向客户端代码隐藏了节点类，客户端代码只需要处理树的节点：

```
node = Node(data)
```

进行第一次检查，以确定是否有根节点。否则，新节点将成为根节点（没有根节点就不能有树）：

```
if self.root_node is None:
    self.root_node = node
else:
```

当沿着树向下走时，需要跟踪正在处理的当前节点，以及它的双亲节点。当前变量总是用于此目的：

```
current = self.root_node
parent = None
while True:
    parent = current
```

这里，需要执行比较，如果新节点中保存的数据小于当前节点中保存的数据，则检查当前节点是否有左子节点。如果没有，则在这里插入新节点；否则，继续遍历：

```
if node.data < current.data:
    current = current.left_child
    if current is None:
        parent.left_child = node
        return
```

除了小于情况的操作，还需要考虑大于或等于的情况。如果当前节点没有右子节点，则将新节点作为右子节点插入；否则，向下移动并继续寻找插入点：

```
else:
    current = current.right_child
```

```
    if current is None:
        parent.right_child = node
        return
```

在 BST 中插入节点需要的时间复杂度是 $O(h)$，其中 h 是树的高度。

6.4.4 删除节点

BST 上的另一个重要操作是删除或删除节点。在此过程中，需要考虑三种情况。

（1）**没有子节点**：如果没有子节点，直接删除节点。

（2）**一个子节点**：将该节点的值与其子节点交换，然后删除该节点。

（3）**两个子节点**：首先找到顺序的继承者或前身，与它交换值，然后删除该节点。

第一种情况是最容易处理的。如果将要删除的节点没有子节点，只需将其从双亲节点中删除即可，如图 6-21 所示。

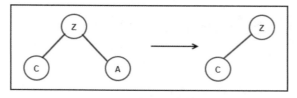

图6-21　从双亲节点删除

在前面的例子中，节点 C 没有子节点，因此只需要简单地从其双亲节点（即节点 Z）中删除即可。

第二种情况，当要删除的节点有一个子节点时，该节点的双亲节点将指向该节点的子节点。如图 6-22 所示，要删除有一个子节点（节点 5）的节点 6，将节点 9 的左指针指向节点 5。这里，需要确保父子关系遵循二叉搜索树的属性。

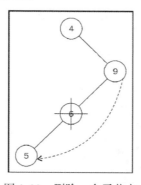

图6-22　删除一个子节点

当要删除的节点有两个子节点时，会出现更复杂的场景。如图 6-23 所示的示例树，想删除节点 9，它有两个子节点 6 和 13。这里不能简单地用节点 6 或节点 13 替换节点 9，而是需要找到节点 9 的下一个最大的后代，这里是节点 12。为了到达节点 12，移动到节点 9 的右子节点。然后，向左移动以找到最左边的节点。节点 12 被称为节点 9 的顺序继承者。第二步类似于查找子树中的最大节点。

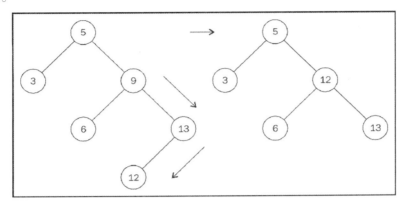

图 6-23 示例树（3）

将节点 9 的值替换为 12，并删除节点 12。节点 12 没有子节点，因此删除时应用没有子节点的规则。

我们的节点类没有对父类的引用。因此，需要使用一个辅助方法来搜索并返回节点及其双亲节点。这个方法类似于搜索方法，代码如下：

```
def get_node_with_parent(self, data):
    parent = None
    current = self.root_node
    if current is None:
        return (parent, None)
    while True:
        if current.data == data:
            return (parent, current)
        elif current.data > data:
            parent = current
            current = current.left_child
        else:
            parent = current
            current = current.right_child
    return (parent, current)
```

唯一的区别是，在更新循环中的当前变量之前，我们用 parent = current 存储它的双亲变量。实际删除节点是从以下搜索开始的：

```
def remove(self, data):
    parent, node = self.get_node_with_parent(data)
    if parent is None and node is None:
```

```
        return False
# 得到子节点数量
        children_count = 0
    if node.left_child and node.right_child:
        children_count = 2
    elif (node.left_child is None) and (node.right_child is None):
        children_count = 0
    else:
        children_count = 1
```

将双亲节点和找到的节点通过 parent,node = self.get_node_with_parent(data) 分别传递给 parent 和 node。重要的是在 if 语句执行中，要知道需要删除的节点的子节点的数量。

设定想要删除的节点的子节点数量之后，需要处理各种删除节点的情况。if 语句的第一部分就是处理节点没有子节点的情况，代码如下：

```
if children_count == 0:
    if parent:
        if parent.right_child is node:
            parent.right_child = None
        else:
            parent.left_child = None
    else:
        self.root_node = None
```

在要删除的节点只有一个子节点的情况下，if 中的 elif 语句执行以下操作：

```
elif children_count == 1:
    next_node = None
    if node.left_child:
        next_node = node.left_child
    else:
        next_node = node.right_child
    if parent:
        if parent.left_child is node:
            parent.left_child = next_node
        else:
parent.right_child = next_node
    else:
        self.root_node = next_node
```

next_node 用于跟踪单个节点，即要删除的节点的子节点。然后连接 parent.left_child 或 parent.right_child 到 next_node。

最后，处理删除的节点有两个子节点的情况的操作如下：

```
...
else:
    parent_of_leftmost_node = node
    leftmost_node = node.right_child
    while leftmost_node.left_child:
        parent_of_leftmost_node = leftmost_node
        leftmost_node = leftmost_node.left_child
    node.data = leftmost_node.data
```

在查找顺序后继者时，使用 leftmost_node = node.right_child 移到右节点。只要左节点存在，leftmost_node.left_child 将给出 True，并运行 while 循环。当到达最左边的节点时，它要么是一个叶节点（这意味着它没有子节点），要么是一个右子节点。

用 order 的顺序后继节点的值来更新将要删除的节点，即 node.data = leftmost_node.data，操作如下：

```
if parent_of_leftmost_node.left_child == leftmost_node:
    parent_of_leftmost_node.left_child = leftmost_node.right_child
else:
    parent_of_leftmost_node.right_child = leftmost_node.right_child
```

上面的语句允许将最左边节点的双亲节点与右侧的任何子节点连接起来。观察等号的右边是如何保持不变的，这是因为顺序后继节点只能有一个右侧的节点作为其唯一的节点。

移除操作时间复杂度是 $O(h)$，其中 h 是树的高度。

6.4.5 搜索树

二叉搜索树是一种树数据结构，其中所有节点遵循这样一种属性：节点的左子树中所有节点的键 / 值都较低，而在其右子树中所有节点的键 / 值都较大。因此，搜索给定键 / 值的元素非常容易。考虑一个有节点 1、2、3、4、8、5 和 10 的二叉搜索树的例子，如图 6-24 所示。

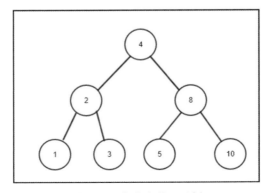

图6-24 有节点的二叉树

在图 6-24 的树中，如果搜索一个值为 5 的节点，那么从根节点开始，并将其与根节点进行比较。因为节点 5 比根节点 4 值大，所以移动到右边的子树。在右边的子树中，有节点 8 作为根节点，比较节点 5 和节点 8，由于要搜索的节点 5 小于节点 8，移动到左边的子树。当移动到左子树时，将左子树节点 5 与值为 5 的搜索节点进行比较，结果相匹配，所以返回 item found。

下面是在二叉搜索树中，搜索方法的实现：

```
def search(self, data):
    current = self.root_node
    while True:
        if current is None:
            return None
        elif current.data is data:
            return data
        elif current.data > data:
            current = current.left_child
        else:
            current = current.right_child
```

在上面的代码中，如果找到了数据，则返回数据；如果没有找到数据，则返回 None。从根节点开始搜索，如果要搜索的数据项不存在于树中，将返回 None。若找到了数据，则返回数据。

如果要搜索的数据小于当前节点的数据，就沿着树往左走。此外，在代码的 else 部分，检查要查找的数据是否大于当前节点中保存的数据，如果大于当前节点的数据，则向树的右侧移动。

最后，可以编写一些客户端代码来测试 BST 如何工作。首先需要创建一个树，并在 1 到 10 之间插入一些数字。然后，搜索这个范围内的所有数字，最后输出树中存在的数据，方法如下：

```
tree = Tree()
tree.insert(5)
tree.insert(2)
tree.insert(7)
tree.insert(9)
tree.insert(1)
for i in range(1, 10):
    found = tree.search(i)
    print("{}: {}".format(i, found))
```

6.4.6 二叉搜索树的优点

与数组和链表相比，二叉搜索树是更好的选择。对于大多数操作，比如搜索、插入和删除，BST 是快速的。虽然数组提供了快速的搜索，但是在插入和删除操作上相对较慢。同样，链表在执行插入和删除操作时效率很高，但在执行搜索操作时速度较慢。从二叉搜索树中搜索元素的最佳情况运行时间复杂度是 $O(\log_2 n)$，最坏情况运行时间复杂度是 $O(n)$，而在列表中搜索的最佳情况和最坏情况运行时间复杂度都是 $O(n)$。

数组、链表和二叉搜索树数据结构的比较如表 6-1 所列。

表6-1 数组、链表和二叉搜索树数据结构的比较

属　　性	数　　组	链　　表	二叉搜索树
数据结构	线性	线性	非线性
易用性	易于创建和使用，搜索、插入和删除的平均情况复杂度是 $O(n)$	插入和删除的速度非常快，尤其是使用双向链表时	元素的访问、插入和删除速度很快，平均情况复杂度是 $O(\log_2 n)$
访问复杂度	易访问元素，复杂度是 $O(1)$	只能按顺序访问，太慢。平均和最坏情况的复杂度是 $O(n)$	访问速度较快。但当树不平衡时，访问速度较慢，最坏的情况复杂度是 $O(n)$ 时
搜索复杂度	平均和最坏情况的复杂度是 $O(n)$	它是缓慢顺序搜索，平均和最坏情况的复杂度是 $O(n)$	最坏情况的复杂度是 $O(n)$
插入复杂度	插入 ⋯⋯ 的复 ⋯⋯	平均和最坏情况的复杂度是 $O(1)$	插入的最坏情况复杂度是 $O(n)$
删除复杂度	删除 ⋯⋯ 的复 ⋯⋯	平均和最坏情况的复杂度是 $O(1)$	删除的最坏情况复杂度是 $O(n)$

考虑一个例子来 ⋯⋯ 是存储数据的最好选择。假设有以下元素：5、3、7、1、4、6 和 9。如果使 ⋯⋯ 据，最坏的情况是通过搜索包含 7 个元素的整个列表来找到这个项。因 ⋯⋯ 点中搜索元素 9 时需要进行 7 次比较，如图 6-25 所示。

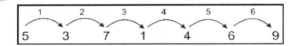

图6-25　搜索元素9时进行7次比较

然而，如果使用二叉搜索树来存储这些值，在最坏的情况下，仅仅需要三次比较来搜索元素 9，如图 6-26 所示。

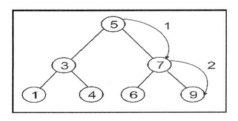

图6-26　使用二叉搜索树存储值

注意，搜索的效率还取决于如何构建二叉搜索树。如果树没有被正确地构建，搜索可能会很慢。例如，如果按照 {1,3,4,5,6,7,9} 的顺序将元素插入到树中，那么树并不会比列表高效很多，如图 6-27 所示。

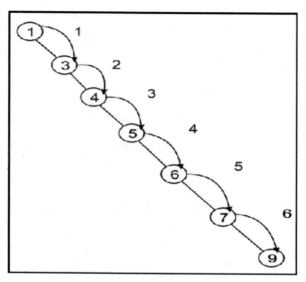

图6-27　将元素插入

因此，选择自平衡树有助于改进搜索操作。实际上，二叉搜索树在大多数情况下是一个更好的选择，但是，需要平衡树。

6.4.7　平衡树

通过 6.4.6 小节中可以知道，如果节点按顺序插入到树中，也就是说，每个节点只有一个子节点，搜索会变得缓慢，或多或少像一个列表。为了提高树数据结构的性能，通常会尽可能地降低树的高度，通过填充树中的每一行来平衡树，这个过程被称为平衡树。

有不同类型的自平衡树，如红黑树、AA 树和替罪羊树。在每个修改树的操作（如 insert 或 delete）期间，这些方法可以平衡树。还有一些外部算法来平衡一棵树，这样做的好处是，不需要在每一个操作上平衡树，而是需要的时候再进行平衡。

6.4.8　表达式树

算术表达式由操作符和操作数的组合表示，其中操作符可以是一元或二元的。算术表达式也可以用表达式树的二叉树来表示。这个树结构也可以用来解析算术和布尔表达式。在表达式树中，所有叶节点都包含操作数，而非叶节点则包含操作符。还应该注意到，在一元操作符的情况下，表达式树将有一个子树（右子树或左子树）为空。例如，3 + 4 的表达式树如图 6-28 所示。

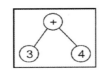

图6-28 一个子树为空

对于稍微复杂一点的表达式 (4 + 5)*(5–3)，表达式树如图 6–29 所示。

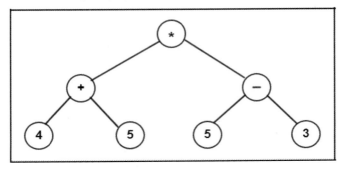

图6-29 复杂表达式树

算术表达式可以使用三种表示法（中缀、后缀和前缀）来表示，这在 6.3 节的树遍历中已经介绍过。因此，对给定的算术表达式求表达式树的值则变得很容易，逆波兰符号提供了更快的计算速度。在本小节中，将展示如何用给定的后缀表示法构造表达式树。

解析逆波兰表达式

现在，要为用后缀表示法写的表达式建立一个树，并计算结果。为简单起见，通过合并较小的树来增长树，所以只需要一个树节点实现：

```
class TreeNode:
    def __init__(self, data=None):
        self.data = data
        self.right = None
        self.left = None
```

为了构建树，利用栈存储项目，创建一个算术表达式并建立栈，方法如下：

```
expr = "4 5 + 5 3 - *".split()
stack = Stack()
```

由于 Python 是一种有合理默认值的语言，其 split() 方法默认按空格进行拆分。结果 expr 是一个值为 4、5、+、5、3、– 和 * 的列表。

expr 列表中的元素要么是操作符，要么是操作数。如果得到一个操作数，那么将它嵌入到一个树节点中，并压入栈；如果得到一个操作符，则将操作符嵌入到树节点中，并将其两个操作数弹出到节点的左子节点和右子节点中。这里，必须确保第一个 pop 进入右子节点，否则，会遇到减法和除法的问题。

下面是构建树的代码：

```
for term in expr:
    if term in "+-*/":
        node = TreeNode(term)
        node.right = stack.pop()
        node.left = stack.pop()
    else:
        node = TreeNode(int(term))
    stack.push(node)
```

注意，在操作数的情况下，要执行从 string 到 int 的转换。如果希望支持浮点操作数，可以使用 float()。

在这个操作的最后，栈中应该只有一个元素，它保存了整个树。如果要对表达式求值，可以构建以下计算函数：

```
def calc(node):
    if node.data is "+":
        return calc(node.left) + calc(node.right)
    elif node.data is "-":
        return calc(node.left) - calc(node.right)
    elif node.data is "*":
        return calc(node.left) * calc(node.right)
    elif node.data is "/":
        return calc(node.left) / calc(node.right)
    else:
        return node.data
```

在上面的代码中，向函数传递了一个节点。如果节点包含操作数，则只需返回该值。如果得到一个操作符，则在节点的两个子节点上执行该操作符表示的操作。然而，一个子节点或多个子节点也可以包含操作符或操作数，因此在两个子节点上递归地调用 calc() 函数。

现在，只需要将根节点从栈中取出，并将其传递给 calc() 函数，得到计算结果：

```
root = stack.pop()
result = calc(root)
print(result)
```

运行这个程序，得到数值 18，它是 (4 + 5)*(5 − 3) 的结果。

6.5　堆

堆数据结构是树的专门化，其中节点按特定的方式排序。堆分为最大堆和最小堆。

在最大堆中，每个父节点的值必须始终大于或等于它的子节点的值。因此根节点必须是树中最大的值。如图 6-30 所示的最大堆，所有父节点的值都比它们的子节点大。

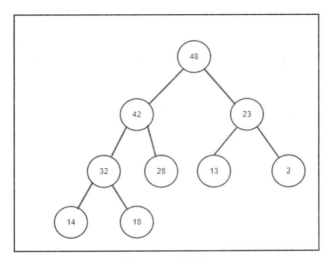

图6-30 最大堆

在最小堆中，每个父节点的值必须小于或等于它的子节点的值。因此，根节点拥有最小的值。如图 6-31 所示的最小堆，其中所有父节点的值都比它们的子节点的值小。

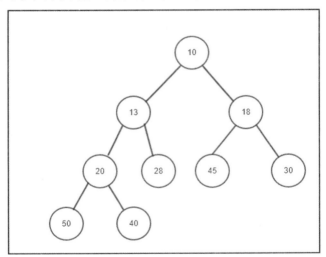

图6-31 最小堆

堆用于许多不同的场景。首先，它们用于实现优先级队列，还有一种非常高效的排序算法，叫作堆排序，以后的章节中会深入研究这些问题。

6.6 三叉搜索树

三叉树是一种数据结构，树的每个节点最多可以包含 3 个子节点。与二叉搜索树不同的是，二叉树中的一个节点最多可以有 2 个子节点，而三叉树中的一个节点最多可以有 3 个子节点。三叉树数据结构也被认为是 trie 数据结构的特例。在 trie 数据结构中，当使用 trie 数据结构存储字符串时，每个节点包含 26 个指向其子节点的指针，而三叉搜索树数据结构中有 3 个指向其子节点的指针。

三叉搜索树可以表示为：

● 每个节点中存储一个字符。
● 它有一个 equal 指针，指向一个存储等于当前节点的值的节点。
● 它有一个指向节点的左指针，该节点存储一个小于当前节点的值。
● 它的右指针指向存储大于当前节点的值的节点。
● 每个节点都有一个标记变量，用于跟踪该节点是否为字符串的结束。

为了更好地理解三叉搜索树的数据结构，下面将通过一个例子来演示它，在一个空三叉树中插入字符串 PUT、CAT、SIT、SING 和 PUSH，如图 6-32 所示。

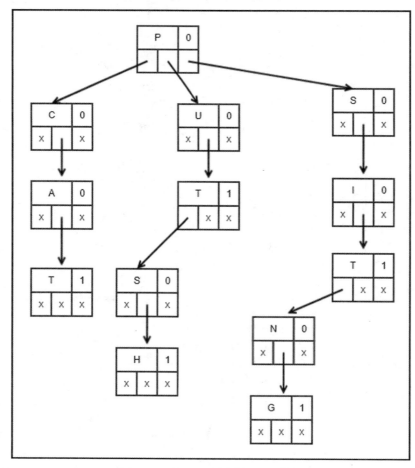

图6-32　在空三叉树中插入字符串

　　向三叉搜索树中插入一个值与在二叉搜索树中的操作很相似。在三叉搜索树中，按照以下步骤插入字符串：

　　（1）由于树最初是空的，首先创建带有第一个字符 P 的根节点，然后为字符 U 创建另一个节点，最后是字符 T。

　　（2）添加单词 CAT。首先，比较第一个字符 C 和根节点字符 P，结果不匹配，且比根节点小，因此为根节点左侧的字符 C 创建一个新节点。此外，为字符 A 和 T 创建节点。

　　（3）添加单词 SIT。首先，比较第一个字符 S 和根节点字符 P，结果不匹配，且字符 S 大于字符 P，因此在右边为字符 S 创建一个新节点。

　　（4）将单词 SING 插入到三叉搜索树中。首先比较第一个字符 S 和根节点，结果不匹配，且字符 S 大于根节点 P，看右边的下一个字符，即 S。在这里，字符匹配，所以比较下一个字符，即 I，这也匹配。接下来，比较字符 N 和树中的字符 T，结果字符不匹配，所以移动到节点 T 的左边。这里，为字符 N 和字符 G 创建了一个新节点。

　　（5）在三叉搜索树中添加单词 PUSH。首先，将单词的第一个字符 P 与根节点进行比较，结果它匹配。查看三叉树中的下一个字符，字符 U 也与单词的下一个字符匹配。继续看下一个字符 S，与下一个字符 T 不匹配，因此，创建一个新节点 S 在 T 字符的左边节点。最后，为字符 H 创建另一个节点。

　　请注意，三叉树中的每个节点都通过使用标志变量来跟踪哪个节点是叶节点或哪个是非叶节点。

　　三叉搜索树对于相关应用程序的字符串搜索非常有效，比如搜索已给定前缀开头的所有字符串，或者搜索已给定数字开头的电话号码以及拼写检查等。

6.6 小 结

　　本章我们介绍了树形数据结构及其用途，研究了二叉树，了解了如何使用二叉树作为具有 BST 的可搜索数据结构。Python 中也使用队列递归实现了广度优先和深度优先的搜索遍历模式。还了解了如何使用二叉树来表示算术或布尔表达式，然后建立了一个表达式树来表示一个算术表达式。之后，展示了如何使用堆来解析用 RPN 编写的表达式，构建表达式树。

　　最后，提到了一种专门的结构——堆，本章奠定了相关的理论基础，以便在接下来的章节中实现不同目的的堆。

　　第 7 章将介绍哈希表和符号表的相关问题。

第7章 哈希表和符号表

我们之前已经学习了数组和列表，其中的项按顺序存储并通过索引访问。数字索引在计算机上很好用，它们是整数，所以操作起来又快又容易。然而，它们并不适用于所有情况。例如，有一个地址簿条目，索引是 56，这个数字表达的信息不多，没有什么能把一个特定的联系人和 56 联系起来，所以使用索引从列表中检索条目是很困难的。

本章将研究一种更适合这类问题的数据结构：字典。字典使用关键字而不是索引，并以键 / 值对存储数据。因此，如果联系人是 James，使用关键字 James 来定位该联系人。也就是说，使用 contacts.james，而不是通过调用 contacts[56] 来定位联系人。

字典是一种广泛使用的数据结构，通常使用哈希表构建，顾名思义，哈希表依赖于一个叫作稀疏的概念。哈希表数据结构以键 / 值对的形式存储数据，其中键是通过对其应用哈希函数获得的，它以一种非常有效的方式存储数据，因此检索非常快。本章将介绍相关的内容。

本章目标：

● 哈希。

● 哈希表。

● 元素的不同功能。

技术要求：

确保在计算机上安装了 Python，源代码在 GitHub 上的链接地址为：https://github.com/PacktPublishing/Hands-On-Data-Structures-and-Algorithms-with-Python-Second-Edition/tree/master/Chapter07。

7.1 哈 希

哈希（Hash）的概念是：当给一个函数提供任意大小的数据时，得到一个小的简化值。这个函数称为哈希函数。哈希使用一个哈希函数，该函数将给定数据映射到另一个范围的数据，这样一个新的数据范围就可以用作哈希表中的索引。更具体地说，使用哈希方式将字符串转换为整数。在本章中，将字符串转换为整数，可以是任何其他转换为整数的数据类型。

例如，想要用哈希表达式表示 hello world，也就是说，想要得到一个表示字符串的数值，可以通过使用 ord() 函数获得任何字符的唯一序数值。例如，ord('f') 函数给出 102。要得到整个字符串的哈希值，只需将字符串中每个字符的序数相加即可。请看下面的代码片段：

```
>>>sum(map(ord, 'hello world'))
1116
```

hello world 字符串获得的数字值为 1116，称为该字符串的哈希值。通过图 7-1 来查看字符串中每个字符的序数值，其结果是 1116。

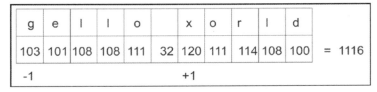

h	e	l	l	o		w	o	r	l	d	
104	101	108	108	111	32	119	111	114	108	100	= 1116

图 7-1　每个字符的序数值

前面的方法用于获取给定字符串的哈希值，并且工作得很好。然而，改变字符串中的字符顺序，也将得到相同的哈希值。如下面所示的代码片段，world hello 字符串得到了相同的哈希值。

```
>>>sum(map(ord, 'world hello'))
1116
```

此外，gello xorld 字符串也会有相同的哈希值，因为它们的顺序值之和是一样的，因为 g 比 h 低一个顺序的值，而 x 比 w 高一个顺序的值，如下面的代码片段所示：

```
>>>sum(map(ord, 'gello xorld'))
1116
```

如图 7-2 所示，可以看到这个字符串的哈希值也是 1116。

g	e	l	l	o		x	o	r	l	d	
103	101	108	108	111	32	120	111	114	108	100	= 1116
-1					+1						

图 7-2　字符串哈希值

完美哈希（散列）函数

一个完美的哈希函数是为给定字符串（它可以是任何数据类型，这里它是一个字符串，因为我们现在只介绍字符串）获得唯一的哈希值的函数。在实践中，大多数的哈希函数都是不完美的，并且存在冲突。当一个哈希函数为多个字符串提供了相同的哈希值时，这是不可取的，因为完美哈希函数应该为字符串返回唯一的哈希值。通常，哈希函数要求快速，所以以为每个字符串创建一个唯一哈希值的函数是不可能的。也就是说，两个或多个的字符串可能具有相同的哈希值，这会产生冲突。因此，需要找到一个办法来解决冲突，而不是试图找到一个完美的哈希函数。

为了避免前面例子的冲突，可以添加一个乘数，使每个字符的序数值乘以一个值，这个值会随着字符串的改变而不断改变。如图 7-3 所示，该字符串的哈希值是通过将每个字符的序号相乘后相加得到的。

h		e		l		l		o				w		o		r	l		d			
104	101	108	108	111	32	119	111	114	108	100	= 1116
1	2	3	4	5	6	7	8	9	10	11	
104	202	324	432	555	192	833	888	1026	1080	1100	= 6736

图7-3 字符的序号相乘后相加的结果

在图 7-3 中，每个字符的序数值被一个数字渐近地相乘。注意，最后一行是这些值相乘的结果，第二行是每个字符的序数值，第三行显示乘数值。例如，通过将第 2 行的 104 和第 3 行的 1 相乘得到值 104。最后，将所有这些相乘的值相加，得到 hello world 字符串的散列值，即 6736。

这个概念的实现如下所示：

```
def myhash(s):
    mult = 1
    hv = 0
    for ch in s:
        hv += mult * ord(ch)
        mult += 1
    return hv
```

可以在前面使用的字符串上测试这个函数，如下所示：

```
for item in ('hello world', 'world hello', 'gello xorld'):
    print("{}: {}".format(item, myhash(item)))
```

运行这个程序，得到以下输出：

```
% python hashtest.py
hello world: 6736
world hello: 6616
gello xorld: 6742
```

可以看到，这一次的三个字符串得到了不同的哈希值。不过，这也不是一个完美的哈希过程。例如，字符串 ad 和 ga 用前面的方法得到的哈希值为：

```
% python hashtest.py
ad: 297
ga: 297
```

对于两个不同的字符串，仍然得到相同的哈希值。因此，需要设计一种办法来解决这种冲突，后面会介绍这个问题，这里先研究一个哈希表的实现。

7.2　哈希表

哈希（Hash）表是一种数据结构，与列表和数组不同，元素是通过关键字而不是索引访问的。在这个数据结构中，数据项存储在键/值对中，类似于字典。哈希表使用哈希函数来查找存储和检索元素的索引位置，这能够快速查找，因为使用的索引与键的哈希值相对应。

哈希表数据结构中的每个位置通常称为桶或槽，可以存储一个元素。因此，以键/值对形式存在的每个数据项，存储于哈希表中由数据的哈希值决定的位置上。例如，哈希函数将输入字符串名称映射到哈希值，hello world 字符串被映射到一个哈希值 92，它在哈希表中找到一个槽位，如图 7-4 所示。

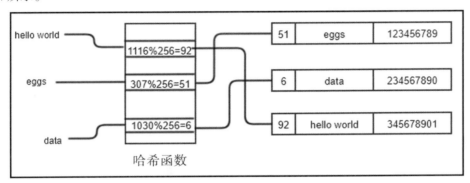

图 7-4　哈希表

为了实现哈希表，首先创建一个类来保存哈希表项。因为哈希表是一个键/值存储单元，所以它们需要一个键和一个值：

```
class HashItem:
    def __init__(self, key, value):
        self.key = key
        self.value = value
```

哈希表提供了一种非常简单的存储项目的方法，下面开始处理哈希表类本身。像往常一样，从构造函数开始：

```
class HashTable:
    def __init__(self):
        self.size = 256
        self.slots = [None for i in range(self.size)]
        self.count = 0
```

哈希表使用标准的 Python 列表来存储元素。首先，将哈希表的大小设置为 256 个元素，后面会介绍如何在开始填充哈希表时增长哈希表的方法。现在在代码中初始化一个包含 256 个元素的列表，这些是元素要存储的位置——桶或槽，有 256 个槽来存储哈希表中的元素。最后，添加一个计数器来表示实际哈希表元素的数量，如图 7-5 所示。

0	1	2	......	255
empty	empty	empty	......	empty

used slots = 0

图7-5　实际哈希表元素的数量

注意，表的大小和计数之间的区别是很重要的。表的大小是指表中槽的总数（已使用或未使用）。表的计数是指被填满的槽的数量，即已经添加到表中的键/值对的数量。

现在，要决定是否将哈希函数添加到表中。可以使用相同的散列函数，返回字符串中每个字符的序数值的和，由于哈希表有256个槽，这意味着需要一个返回1到256（表的大小）范围内的值的哈希函数，一个很好的方法是返回哈希值除以表大小的余数，因为余数肯定是0到255之间的整数值。

因为哈希函数只在类内部使用，所以在名称的开头加上下划线（_）来表示这一点。这是一个通用的Python约定，用来指示某些东西是供内部使用的。下面是哈希函数的实现：

```python
def _hash(self, key):
    mult = 1
    hv = 0
    for ch in key:
        hv += mult * ord(ch)
        mult += 1
    return hv % self.size
```

目前，假设键是字符串，后面会介绍如何使用非字符串键。现在，_hash()函数将为字符串生成哈希值。

7.2.1　在哈希表中存储元素

为了在哈希表中存储元素，使用put()函数将它们添加到表中，并使用get()函数检索。首先，来看看put()函数的实现。先将键/值嵌入到HashItem类中，然后计算键的哈希值。

下面是put()函数在哈希表中存储元素的实现：

```python
def _hash(self, key):
    mult = 1
    hv = 0
    for ch in key:
        hv += mult * ord(ch)
        mult += 1
    return hv % self.size
```

一旦知道了键的哈希值，就可以用它来查找元素在哈希表中存储的位置。因此，需要找到一个空槽，从键的哈希值对应的槽开始，如果那个槽是空的，就在那里插入项；如果槽不是空的，并且项的键与当前键不相同，那么就会发生冲突。这意味着有一个与表中先前存储的某个项有相同的项的散列值，这需要使用其他方法处理冲突。

例如，hello world 键字符串已经存储在表中，当一个新的字符串 world hello 获得相同的哈希值时，就会发生冲突，如图 7-6 所示。

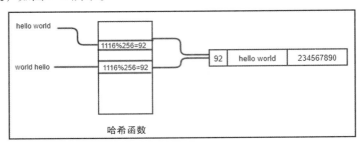

图 7-6 发生冲突

解决这种冲突的一种方法是在冲突位置上寻找另一个空闲槽，这个冲突解决过程称为开放定址。可以通过线性查找下一个可用的槽位来实现这一点，即在之前得到冲突的哈希值上加 1，方法是将键字符串中每个字符的序数值的总和加 1，然后再除以哈希表的大小以获得哈希值。这种访问每个槽位的系统方法是解决冲突的线性方法，被称为线性探测。

下面通过图 7-7 所示的示例，帮助我们更好地理解如何解决这个冲突。eggs 键字符串的哈希值是 51。但是，这里产生了一个冲突，因为这个位置已经存储了数据。因此，在哈希值中添加 1，该哈希值是由字符串中每个字符的序数值之和计算出来的，以解决冲突。因此，为这个键字符串获取一个新的哈希值来存储数据——定位 52。

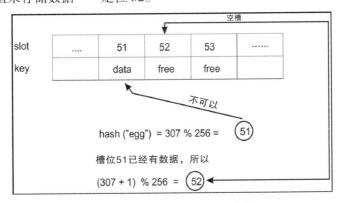

图 7-7 eggs 键字符串的哈希值

代码如下：

```
def put(self, key, value):
    item = HashItem(key, value)
    h = self._hash(key)
while self.slots[h] is not None:
    if self.slots[h].key is key:
```

```
        break
    h = (h + 1) % self.size
```

上面的代码是检查槽位是否为空，然后使用描述的方法获取新的哈希值。如果槽位为空，要存储新元素（即槽位以前不包含任何元素），则将计数增加1。最后，将项目插入到所需位置的列表中：

```
if self.slots[h] is None:
    self.count += 1
self.slots[h] = item
```

7.2.2   从哈希表中检索元素

要从哈希表中检索元素，将返回与键相对应的存储值。这里，介绍检索方法的实现——get()方法，这个方法将返回存储在表中与给定键对应的值。

首先，计算与要检索的值对应的给定键的哈希值。一旦有了键的哈希值，就可以通过哈希表查找哈希值所在的位置。如果键项与该位置存储的键值匹配，则检索相应的值；如果不匹配，则将字符串中所有字符的序号值的和加1，类似于存储数据时所做的操作，然后查看新获得的哈希值。如此操作，一直到找到关键元素或者检查了哈希表中的所有槽。

考虑一个示例，通过四个步骤来理解图7-8中的概念。

（1）计算给定键字符串 egg 的哈希值，结果是 51。然后，将这个键与位置 51 中存储的键值进行比较，发现它们不匹配。

（2）由于键不匹配，计算一个新的哈希值。

（3）在新创建的哈希值 52 的位置查找键：将键字符串与存储的键值进行比较，在这里，它是匹配的。

（4）存储的值将返回与哈希表中的这个键 / 值对应的值，如图 7-8 所示。

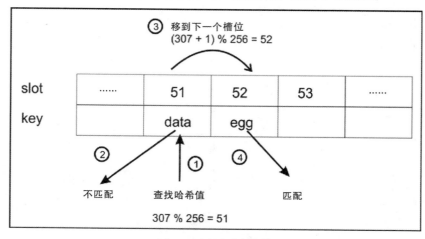

图7-8　返回对应的值

要实现这个检索方法，即 get() 方法，首先计算键的哈希值，然后，在表中查找计算出来的哈希值。如果匹配，则返回相应的存储值；否则，按照计算的新哈希值位置继续查看。下面是 get() 方法的实现：

```
def get(self, key):
    h = self._hash(key)          #给定密钥的哈希值
    while self.slots[h] is not None:
        if self.slots[h].key is key:
            return self.slots[h].value
        h = (h+ 1) % self.size
    return None
```

如果在表中没有找到键，返回 None。另一个替代方法是在表中不存在键时，抛出异常。

7.2.3　哈希表的测试

为了测试哈希表，首先创建哈希表并在其中存储一些元素，然后检索它们，并尝试获取一个不存在的键。这里使用了两个字符串——ad 和 ga，这两个字符串有冲突，因为通过哈希函数返回了相同的哈希值。为了正确地评估哈希表的工作，抛出这个冲突异常，只是为了看看冲突是否被正确地解决了。示例代码如下：

```
ht = HashTable()
ht.put("good", "eggs")
ht.put("better", "ham")
ht.put("best", "spam")
ht.put("ad", "do not")
ht.put("ga", "collide")
for key in ("good", "better", "best", "worst", "ad", "ga"):
    v = ht.get(key)
    print(v)
```

运行上述代码将返回以下结果：

```
% python hashtable.py
eggs
ham
spam
None
do not
collide
```

如上所见，查找最坏的键会返回 None，因为键不存在。ad 和 ga 键也返回它们对应的值，表明它们之间的冲突得到了正确的处理。

7.2.4　哈希表的使用

使用 put() 和 get() 方法看起来不太方便，实际上，我们更希望能够将哈希表视为列表，因为这样更容易使用。例如，希望能够使用 ht["good"] 而不是 ht.get("good") 从表中检索元素。

这可以通过特殊方法 __setitem__() 和 __getitem__() 轻松完成。

参见下面的代码：

```
def __setitem__(self, key, value):
    self.put(key, value)
def __getitem__(self, key):
    return self.get(key)
```

测试代码如下所示：

```
ht = HashTable()
ht["good"] = "eggs"
ht["better"] = "ham"
ht["best"] = "spam"
ht["ad"] = "do not"
ht["ga"] = "collide"
for key in ("good", "better", "best", "worst", "ad", "ga"):
    v = ht[key]
    print(v)
print("The number of elements is: {}".format(ht.count))
```

注意，使用 count 变量输出已经存储在哈希表中的元素数量。

7.2.5　无字符（Non-string）键

一般来说，大多数应用程序需要使用字符串作为键。但是，如果有必要，也可以使用任何其他 Python 数据类型。如果创建了自己的类并希望将其用作键，则需要覆盖该类的特殊 __hash__() 函数，以便获得可靠的哈希值。

即便如此，仍然需要计算哈希值的模（%）和哈希表的大小，以获得槽位。这种计算在哈希表中进行，而不是在 key 类中进行，因为哈希表知道自己的大小（key 类不知道它所属的表的任何信息）。

7.2.6　增长哈希表

前面的例子中，哈希表的大小固定为 256。很明显，当向哈希表中添加元素时，将开始填充空槽，在某个点上，所有的槽将被填满，即哈希表将被填满。为了避免这种情况的发生，可以在表还未满的时候增加表的大小。

为了增加哈希表的大小，比较表中的大小和计数。size 是槽的总数，count 表示包含元素的槽的数量。那么，如果 count 等于 size，那就意味着已经填满了表格。哈希表的负载因子用于扩充表的大小，显示表中有多少可用的槽。哈希表的负载因子是通过使用的槽数除以表中槽的总数来计算的，定义示意图如图 7-9 所示。

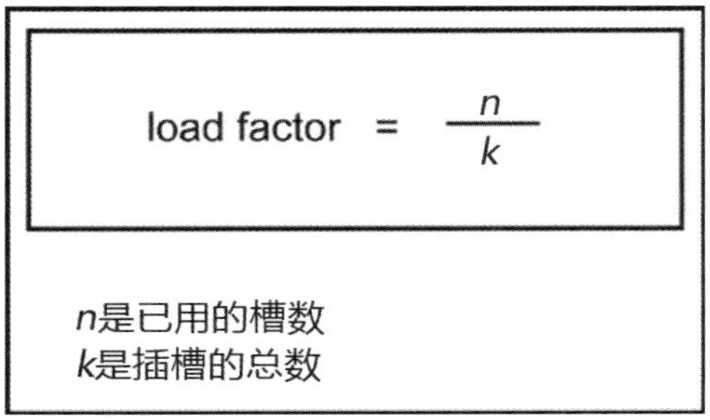

$$\text{load factor} = \frac{n}{k}$$

n 是已用的槽数
k 是插槽的总数

图 7-9 定义示意图

当负载因子值接近 1 时，意味着表将被填满，需要增加表的大小。最好在表满之前增加表的大小，因为当表满了时，从表中检索元素会变得很慢。通常，负载因子的值为 0.75 时是增加表大小的好的选择。

下一个问题是应该把表的大小增加多少，其中一种策略是将表的大小增加一倍。

7.2.7 开放定址

在前面的例子中，使用的冲突解决办法是线性探测，这是开放定址策略的一个示例。线性探测很简单，因为使用固定数量的插槽，还有其他开放定址方法。但是，它们都统一存在一组插槽，当想插入一个键时，需要检查插槽是否已经有一个项。如果有，则寻找下一个可用的插槽。

如果有一个包含 256 个槽的哈希表，那么 256 就是该哈希表中最大的元素数。而且，随着负载因子的增加，查找新元素的插入点将消耗更长的时间。

由于这些限制，大部分人可能更喜欢使用不同的方法来解决冲突，如链接。

7.2.8 链接

链接是处理哈希表冲突的另一种方法。它允许哈希表中的每个槽在冲突位置存储对许多项的引用，以解决冲突问题。因此，在冲突的索引处的哈希表中存储许多项。在图 7-10 中，字符串 hello world 和 world hello 有冲突。但如果使用链接，则这两个项都允许使用列表存储在 92 哈希值的位置，如图 7-10 所示。

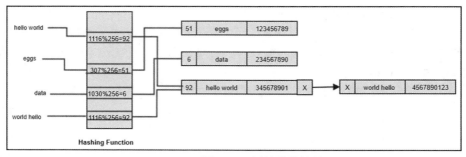

图7-10　用链接的情况

在链接中，哈希表中的槽被初始化为空列表，如图 7-11 所示。

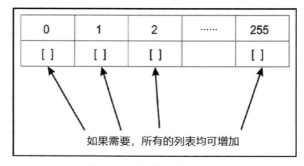

图7-11　初始化为空列表

插入元素时，它将被追加到与该元素的哈希值相对应的列表中，也就是说，如果有两个哈希值都是 1075 的元素，那么这两个元素都将被添加到哈希表的 1075%256=51 槽中，哈希值为 51 的条目列表，如图 7-12 所示。

图7-12　添加元素

然后，通过允许多个元素具有相同的哈希值，进行链接以避免冲突，因此，可以存储在一个哈希表，没有限制元素的个数。然而，对于线性探测，根据负荷的因素，需要固定表的大小，表空间满后再增长。此外，哈希表可以容纳比可用槽数更多的值，因为每个槽容纳一个可以增长的列表。

但是，链表中存在一个严重的问题：当列表在特定哈希值位置增长时，它会变得低效。由于一个特定的槽有许多项，搜索它们可能会变得非常缓慢，因为要对列表进行线性搜索，直到找到想要的键的元素，这可能会减慢检索速度。这是不好的，因为哈希表应该是高效的。图 7-13 展示了一个线性搜索列表项直到找到匹配项的过程。

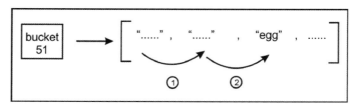

图 7-13　线性搜索过程

因此，当哈希表中的特定位置有许多条目时，就会出现检索速度慢的问题。这个问题可以通过使用另一个数据结构来解决——二叉搜索树（BST），它提供了快速的检索，此部分内容见第 6 章。

可以简单地将一个（最初为空的）BST 放入每个槽中，如图 7-14 所示。

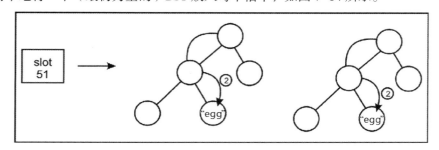

图 7-14　将 BST 放入每个槽中

在图 7-14 中，51 槽中保存着一个 BST，使用它来存储和检索数据项，仍然会有一个潜在的问题：由于项目添加到 BST 的顺序不同，可能会得到一个与列表一样低效的搜索树，也就是说，树中的每个节点都只有一个子节点。为了避免这种情况的发生，需要确保 BST 是自平衡的。

7.3　符号表

编译器和解释器使用符号表来跟踪已经声明的符号，并保存有关这些符号的信息，符号表通常使用哈希表来构建。来看一个例子，有以下 Python 代码：

```
name = "Joe"
age = 27
```

这里有两个符号，name 和 age，它们属于一个命名空间，可以是 __main__，但如果把它放在那里，也可以是一个模块的名称，每个符号都有一个 value。例如，name 符号的值是 Joe，而 age 符号的值是 27，符号表允许编译器或解释器查找这些值。因此，name 和 age 符号成为哈希表中的键，所有与它们相关联的信息都成为符号表中项的值。

不仅变量是符号，函数和类也被视为符号，它们也将被添加到符号表中，这样，当它们中的任何一个被访问时，都可以从符号表中访问。例如，greet() 函数和两个变量存储在图 7-15 所示的符号表中。

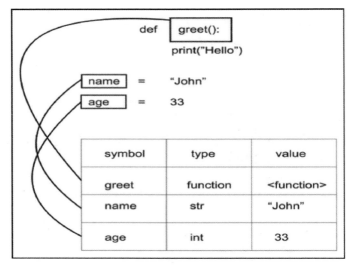

图7-15 符号表

在 Python 中，每个加载的模块都有自己的符号表。符号表被赋予该模块的名称，这样，模块就充当了名称空间的角色。我们可以有多个相同名称的符号，只要它们存在于不同的符号表中，就可以通过适当的符号表访问它们。在一个程序中显示多个符号表，如图 7-16 所示。

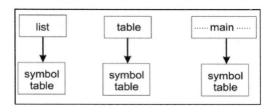

图7-16   在一个程序显示多个符号表

7.4 小 结

本章我们介绍了哈希表，介绍了如何编写一个哈希函数来将字符串数据转换为整数数据，以及如何使用哈希值来快速有效地查找对应于键的值。

此外，还研究了由于哈希值冲突而导致的哈希表实现的困难，为了解决冲突，介绍了两种重要的冲突解决方法：线性探测和链接。

本章最后一节学习了符号表，它通常是用哈希表建立的。符号表允许编译器和解释器查找已定义的符号（如变量、函数或类），并检索有关它的所有信息。

第8章将介绍图和其他算法。

第8章 图和其他算法

图的概念来自数学的一个分支——图论。图是一种非线性数据结构，该结构通过连接一组沿其边沿的节点或顶点来表示数据。图被用来解决许多计算问题。与前面学过的数据结构相比，它是一种不同的数据结构，并且对图的操作（如遍历）可能是非常规的。本章将介绍许多与图相关的概念，以及优先队列和堆。

本章目标：

- 理解什么是图表。
- 了解图的类型及其组成部分。
- 知道如何表示一个图形并遍历它。
- 了解优先队列的基本概念。
- 能够实现一个优先队列。
- 能够确定列表中第 i 个最小的元素。

技术要求：

源代码在 GitHub 的链接为：https://github.com/PacktPublishing/Hands-On-Data-Structures-and-Algorithms-with-Python-Second-Edition/tree/master/Chapter08。

8.1 图

图是顶点和边的集合，这些顶点和边形成顶点之间的连接。在更正式的方法中，图 G 是顶点集合 V 和边集合 E 的有序对，用正式的数学符号表示为 G = (V, E)。这里给一个例子说明，如图 8-1 所示。

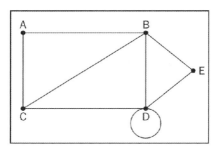

图 8-1 图例

下面是一些图 8-1 的重要定义。

● **节点或顶点**：图中的一个点或节点称为顶点，在图中通常用点表示。图 8-1 中，顶点或节点为 A、B、C、D 和 E。

● **边**：两个顶点之间的连接。图 8-1 中连接 A 和 B 的线是一条边。

● **循环**：当一个节点的一条边与它自身发生关联时，这条边就形成了一个循环。

● **一个顶点的度数**：在一个给定顶点上关联的边的总数称为该顶点的度数。例如，图 8-1 中顶点 B 的度数是 4。

● **邻接**：任意两个节点之间的连接，即如果任意两个顶点或节点之间存在连接，则称它们是邻接的。例如，节点 C 与节点 A 邻接，因为它们之间有一条边。

● **路径**：任意两个节点之间的顶点和边的序列表示从顶点 A 到顶点 B 的路径。例如，CABE 表示从节点 C 到节点 E 的路径。

● **叶顶点（也称为垂顶点）**：一个顶点或节点只有一个度，则称为叶顶点或垂顶点。

8.2 有向图和无向图

图由节点之间的边表示，连接边可以是有向的或无向的。如果图中的连接边是无向的，则该图称为无向图；如果图中的连接边是有向的，则该图称为有向图。无向图简单地把边表示为节点之间的线，除了节点是相互连接的，没有关于节点之间关系的其他信息。如图 8-2 所示，演示了一个由 A、B、C 和 D 四个节点组成的无向图，这些节点使用边连接。

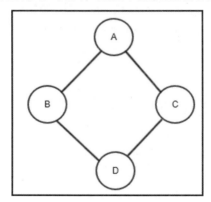

图 8-2　无向图

有向图中，边提供了图中任意两个节点之间连接方向的信息，如果从节点 A 到节点 B 的一条边是有向的，那么这条边（AB）就不等于这条边（BA）。有向的边被绘制成带箭头的直线，箭头指向连接两个节点的边的方向。如图 8-3 所示，展示了一个有向图，其中许多节点使用有向边连接。

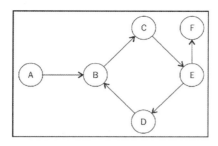

图8-3 有向图

边沿的箭头决定了流动的方向。在一个有向图中,每个节点(或顶点)都有一个入度和一个出度。来看看相关的定义。

● **入度**:进入图中某个顶点的边的总数称为该顶点的入度。例如,在图 8-3 中,节点 E 的入度为 1,因为边沿 CE 进入节点 E。

● **出度**:从图中某个顶点伸出的边的总数称为该顶点的出度。例如,在图 8-3 中,节点 E 的出度为 2,因为它有 EF 和 ED 两条边从该节点出来。

● **孤立顶点**:当一个节点或顶点的度数为 0 时,称为孤立顶点。

● **源顶点**:一个入度为 0 的顶点称为源顶点。例如,在图 8-3 中,节点 A 是源顶点。

● **汇聚顶点**:一个出度为 0 的顶点是汇聚顶点。例如,在图 8-3 中,节点 F 是汇聚顶点。

8.3 带权图

带权图是具有与图中各边相关联的数字权值的图。它可以是有向图,也可以是无向图。这个数值可以用来表示距离或成本,这取决于图表的目的。例如,图 8-4 显示了从节点 A 到节点 D 的不同路径。可以直接从 A 到 D,也可以选择经过 B 和 C,假设每条边的相关权值是到达下一个节点的时间,以分钟为单位。

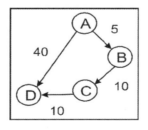

图8-4 从A到D的不同路径

本例中,AD 和 ABCD 表示两条不同的路径。路径就是两个节点之间通过的边的序列。可以看出,路径 AD 需要 40 分钟,而路径 ABCD 需要 25 分钟。如果唯一关心的是时间,那么沿着 ABCD 路径走会更省时,即使它可能是一条较长的路线。需要注意的是,边可以有方向性,也可以包含其他信息(如所消耗时间、距离等)。

可以使用与其他数据结构(如链表)类似的方式来实现图的功能。图 8-4 中,将边看作对象是有意义的，就像节点一样，边也可以包含额外的信息，这样就需要沿着特定的路径走。图中的边可以用不同节点之间的连接表示。如果图中有一条有向边，可以用一个箭头从一个节点指向另一个节点，这很容易通过使用 next 或 previous、parent 或 child 在节点类中表示。

8.4 图的表示

表示 Python 中的图主要有两种形式，一种是使用邻接表，另一种是使用邻接矩阵。以图 8-5 为例，分别讲解两种类型的图的表示。

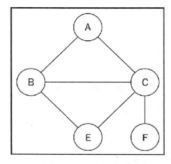

图 8-5 图的表示

8.4.1 邻接表

邻接表存储所有节点，以及在图 8-5 中与这些节点直接相连的其他节点。图 8-5 中的两个节点 A 和 B，如果它们之间有直接联系，则称为是相邻的。Python 中的 list 数据结构用来表示图形。列表的 indices 可以用来表示图中的节点或顶点。

在每个索引处，都存储与该顶点相邻的节点。例如，对应于图 8-5，考虑如图 8-6 所示的邻接表。

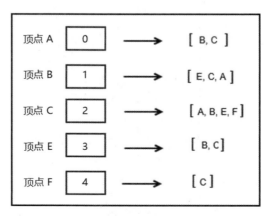

图 8-6 邻接表

方框中的数字代表顶点。0 索引代表了图的一个顶点，其相邻节点是 B 和 C 。 1 索引代表了图的 B 顶点，其相邻节点是 E、C 和 A。同样，图的其他顶点如 C、E 和 F，用 2、3 和 4 表示其索引，其相邻节点如图 8-6 所示。

使用列表表示有很大的限制，因为不能直接使用顶点标签。因此，字典数据结构更适合表示图形。表示上述图形的字典数据结构的方法如下：

```
graph = dict()
graph['A'] = ['B', 'C']
graph['B'] = ['E','C', 'A']
graph['C'] = ['A', 'B', 'E','F']
graph['E'] = ['B', 'C']
graph['F'] = ['C']
```

现在可以很容易地建立顶点 A 有 B 和 C 的相邻顶点，而顶点 F 只有 C 一个相邻顶点。类似地，顶点 B 有 E、C 和 A 的相邻顶点。

8.4.2　邻接矩阵

另一种图的表示方法是邻接矩阵，矩阵是一个二维数组，两个顶点是否由边连接，用矩阵单元的 1 或 0 表示。邻接矩阵如图 8-7 所示。

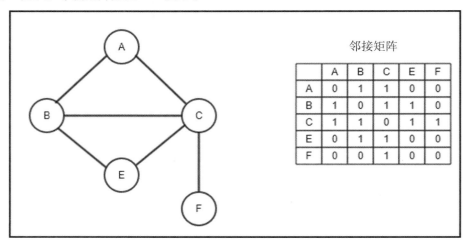

图 8-7　邻接矩阵

一个邻接矩阵可以用给定的邻接表来实现，取图 8-5 的基于字典表示来实现邻接表。首先，需要得到邻接矩阵的关键元素，注意到这些矩阵元素是图的顶点，可以通过对图中的键进行排序来获得关键元素，代码片段如下：

```
matrix_elements = sorted(graph.keys())
cols = rows = len(matrix_elements)
```

接下来，利用图的键的长度来提供邻接矩阵的维数，这些维数存储在 cols 和 rows 中，并且 cols 和 rows 中的值相等。然后，为该矩阵创建一个大小正确的空邻接矩阵。edges_list 变量将存储成图中边的元组。例如，A 和 B 节点之间的一条边将存储为 (A,B)，初始化空邻接矩阵的代码片段如下：

```
adjacency_matrix = [[0 for x in range(rows)] for y in range(cols)]
edges_list = []
```

采用嵌套的 for 循环，填充多维数组，代码片段如下：

```
for key in matrix_elements:
    for neighbor in graph[key]:
        edges_list.append((key, neighbor))
```

顶点的邻点由 graph[key] 得到。然后，将该键与 neighbor 结合，创建元组存储在 edges_list 中。上面存储图形边沿的 Python 代码，输出如下：

```
>>>[('A', 'B'), ('A', 'C'), ('B', 'E'), ('B', 'C'), ('B', 'A'),
('C', 'A'),('C', 'B'), ('C', 'E'), ('C', 'F'), ('E', 'B'), ('E', 'C'),
('F', 'C')]
```

下一步，填充邻接矩阵，用 1 表示图中的一条边，由 adjacency_matrix[index_of_first_vertex][index_of_second_vertex] = 1 语句实现，标记该图边沿存在的完整代码片段如下：

```
for edge in edges_list:
    index_of_first_vertex = matrix_elements.index(edge[0])
    index_of_second_vertex = matrix_elements.index(edge[1])
    adjacency_matrix[index_of_first_vertex][index_of_second_vertex] = 1
```

matrix_elements 数组有行和颜色，从 A 开始到所有其他索引为 0 到 5 的顶点。for 循环遍历元组列表，并使用 index 方法获取存储边沿的相应索引。

上面代码的输出结果是前面显示的示例图的邻接矩阵，如下所示：

```
>>>
[0, 1, 1, 0, 0]
[1, 0, 0, 1, 0]
[1, 1, 0, 1, 1]
[0, 1, 1, 0, 0]
[0, 0, 1, 0, 0]
```

在第 1 行和第 1 列，0 表示 A 和 A 之间没有边。类似地，在第 2 列和第 3 行，有一个值 1 表示图中 C 和 B 顶点之间的边。

8.5 图的遍历

图的遍历意味着访问图中的所有顶点，同时跟踪哪些节点或顶点已经访问过，哪些还没有访问过。如果一个图遍历算法在尽可能短的时间内遍历图的所有节点，那么它就是有效的。遍历图的一种常见方法是沿着一条路径走到死胡同，然后再往回走，直到遇到另一条路径。还可以迭代地从一个节点移动到另一个节点，以便遍历整个图，或者部分图。图遍历算法在回答许多基本问题时非常重要，可以用于确定如何从图中的一个顶点到达另一个顶点，以及从图中的顶点 A 到顶点 B 的哪条路径更好。下面，将介绍两个重要的图遍历算法：广度优先搜索（BFS）和深度优先搜索（DFS）。

8.5.1 广度优先搜索

广度优先搜索算法在图中按宽度工作，队列数据结构用于存储图中要访问的顶点的信息。从起始节点 A 开始。首先，访问那个节点，然后查找它的所有相邻的顶点，逐个访问这些相邻的顶点，同时将它们的邻居添加到要访问的顶点列表中。遵循这个过程，直到访问图中的所有顶点，并确保没有顶点被访问两次。

为更好地理解图的广度优先搜索，考虑图 8-8 所示的例子。

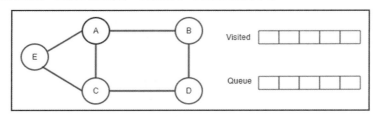

图8-8　广度优先搜索图例

图 8-8 中，左边是 5 个节点的图，右边是存储要访问的顶点的队列数据结构。开始访问第一个节点 A，然后将它的所有相邻节点 B、C 和 E 添加到队列中，有多种方法将相邻节点添加到队列，因为有三个节点——B、C 和 E 可以添加在队列前，CEB、CBE、BEC，这将给出树遍历的不同结果。

所有这些可能的图遍历解决方案都是正确的，本例中，按字母顺序添加节点，访问节点 A 如图 8-9 所示。

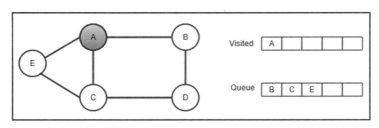

图8-9　访问节点A

一旦访问了节点 A，接下来，将访问它的第一个相邻节点 B，并添加那些尚未添加到队列中或未访问的相邻节点，因此，将节点 D 添加到队列中，如图 8-10 所示。

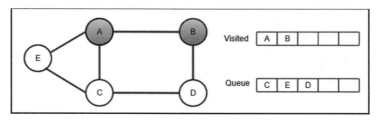

图8-10　添加节点D

在访问了节点 B 之后，访问队列中的下一个节点 C，再次添加尚未添加到队列中的相邻节点。如图 8-11 所示，本例中已没有未记录的节点，因此无须执行任何操作。

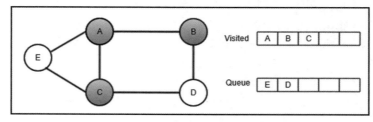

图8-11　无须执行任何操作

在访问了节点 C 之后，将访问队列中的下一个节点 E，如图 8-12 所示。

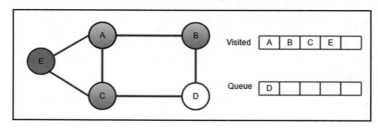

图8-12　访问节点E

在访问了节点 E 后，最后访问节点 D，如图 8-13 所示。

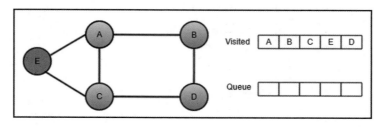

图8-13　访问节点D

因此，遍历图 8-13 的 BFS 算法按 A—B—C—E—D 的顺序访问各个节点。这是图 8-13 中 BFS 遍历的可能解决方案之一，但可以得到许多可能的解决方案，这取决于将相邻节点添加到队列中的顺序。

为了学习这个算法在 Python 中的实现，考虑另一个无向图的例子，如图 8-14 所示。

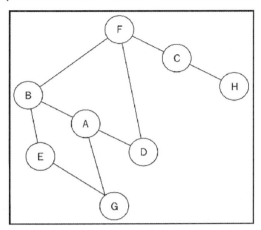

图 8-14 无向图示例

图的邻接表如下：

```
graph = dict()
graph['A'] = ['B', 'G', 'D']
graph['B'] = ['A', 'F', 'E']
graph['C'] = ['F', 'H']
graph['D'] = ['F', 'A']
graph['E'] = ['B', 'G']
graph['F'] = ['B', 'D', 'C']
graph['G'] = ['A', 'E']
graph['H'] = ['C']
```

为了使用广度优先搜索算法遍历这个图，将使用队列。该算法创建一个列表来存储遍历过程中访问过的节点。假设从节点 A 开始遍历。

将节点 A 排队并添加到已访问节点列表中。然后，使用一个 while 循环来实现图的遍历。在 while 循环中，节点 A 退出队列，它的未访问的相邻节点 B、G 和 D 按字母顺序排队。现在队列包含节点 B、D 和 G，这些节点也被添加到已访问节点列表中。此时，while 循环进行另一次迭代，因为队列不是空的，这也意味着还没有真正完成遍历。

节点 B 退出队列。在相邻的节点 A、F 和 E 中，节点 A 已经被访问过，因此，只对节点 E 和 F 按字母顺序进行排队。然后将节点 E 和 F 添加到已访问节点列表中。

队列现在保存了节点 D、G、E 和 F 的后续节点。访问过的节点列表包含节点 A、B、D、G、E 和 F。

节点 D 退出队列，但它的所有相邻节点都已被访问过，所以都将退出队列。队列的下一个节点是 G，节点 G 退出队列，发现它的所有相邻节点都已被访问过，因为它们都在已访问节点列表中。节点 E 已被访问过，退出队列，它的所有节点也都被访问过。现在队列中只有唯一的节点 F。

节点 F 退出队列，发现在它的相邻节点 B、D 和 C 中，只有 C 没有被访问。然后将节点 C 放入队列，并将其添加到已访问节点列表中。然后，节点 C 退出队列。C 有 F 和 H 的相邻节点，但 F 已经访问过了，节点 H 进入队列并添加到访问节点列表中。

while 循环的最后一次迭代将导致节点 H 退出队列，它唯一的相邻节点 C 已经被访问过。一旦队列完全为空，循环中断。

在图中遍历图的输出是 A、B、D、G、E、F、C 和 H。

BFS 的代码如下：

```python
from collections import deque
def breadth_first_search(graph, root):
    visited_vertices = list()
    graph_queue = deque([root])
    visited_vertices.append(root)
    node = root
    while len(graph_queue) > 0:
        node = graph_queue.popleft()
        adj_nodes = graph[node]
        remaining_elements =
            set(adj_nodes).difference(set(visited_vertices))
        if len(remaining_elements) > 0:
            for elem in sorted(remaining_elements):
                visited_vertices.append(elem)
                graph_queue.append(elem)
    return visited_vertices
```

当需要确定列表中一组节点是否包含已经访问过的节点时，使用 remaining_elements =set(adj_nodes).difference(set(visited_vertices)) 语句。可使用 set 对象的 difference 方法来查找在 adj_nodes、却不在 visited_vertices 中的节点。

在最坏的情况下，将遍历每个顶点或节点以及边，因此 BFS 算法的时间复杂度是 $O(|V| + |E|)$，其中 $|V|$ 是顶点或节点的数量，$|E|$ 是图中的边的数量。

8.5.2　深度优先搜索

顾名思义，DFS 算法先遍历图中特定路径的深度，然后再遍历其宽度。因此，在访问兄弟节点之前先访问子节点。栈—数据结构可以用于实现 DFS 算法。

从访问顶点 A 开始，然后查看顶点 A 的邻居，然后是邻居的邻居，依次类推。考虑 DFS 环境下的图表，如图 8-15 所示。

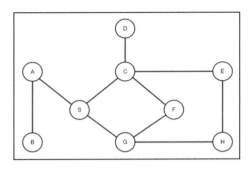

图8-15 DFS环境下的图表

在访问节点 A 之后，访问它的一个邻居——节点 B，如图 8-16 所示。

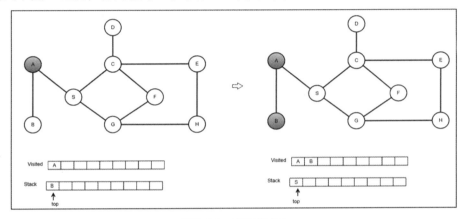

图8-16 访问节点B

在访问节点 B 后，因为没有连接 B 的节点可以访问，接下来，查看 A 的另一个邻居 S，寻找节点 S 的邻居，也就是节点 C 和节点 G，访问节点 C，如图 8-17 所示。

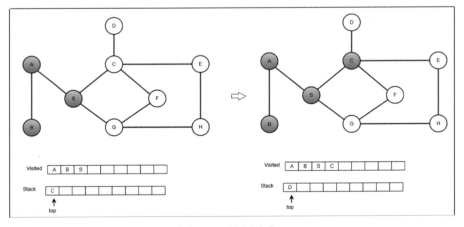

图8-17 访问节点C

在访问了节点 C 之后，再访问它的邻居节点 D 和 E，如图 8-18 所示。

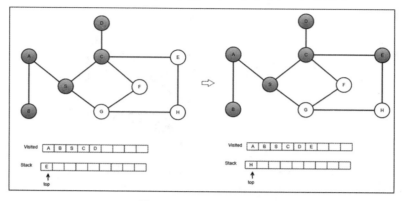

图8-18　访问节点D和E

同样，在访问节点 E 后，访问节点 H 和 G，如图 8-19 所示。

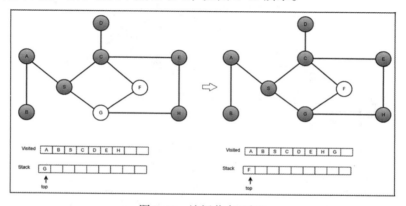

图8-19　访问节点H和G

最后，访问节点 F，如图 8-20 所示。

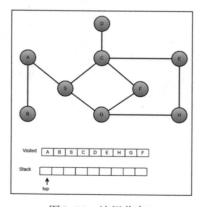

图8-20　访问节点F

DFS 遍历的输出是 A—B—S—C—D—E—H—G—F。

为了实现 DFS，从给定图的邻接表开始。下面是图 8-20 的邻接表：

```
graph = dict()
    graph['A'] = ['B', 'S']
    graph['B'] = ['A']
    graph['S'] = ['A','G','C']
    graph['D'] = ['C']
    graph['G'] = ['S','F','H']
    graph['H'] = ['G','E']
    graph['E'] = ['C','H']
    graph['F'] = ['C','G']
    graph['C'] = ['D','S','E','F']
```

为了实现 DFS 算法，首先创建一个列表来存储访问的节点。graph_stack 栈变量用于遍历过程对象的暂存。使用常规的 Python 列表作为栈，通过图的邻接矩阵 graph 传送起始节点，称为根 root，根被压入栈，node = root，保存栈中的第一个节点，代码片段如下：

```
def depth_first_search(graph, root):
    visited_vertices = list()
    graph_stack = list()
    graph_stack.append(root)
    node = root
```

如果栈不是空的，则执行 while 循环体。如果 node 不在访问节点列表中，则添加该节点，建立节点连接节点的所有相邻节点。相邻节点由 adj_nodes = graph[node] 收集，如果已经访问了所有相邻节点，则将该节点从栈中弹出，并将 node 设置为 graph_stack[-1]，graph_stack[-1] 是栈的顶部节点，continue 语句跳转回 while 循环测试条件的开头，代码如下：

```
while len(graph_stack) > 0:
    if node not in visited_vertices:
        visited_vertices.append(node)
    adj_nodes = graph[node]
    if set(adj_nodes).issubset(set(visited_vertices)):
        graph_stack.pop()
        if len(graph_stack) > 0:
            node = graph_stack[-1]
        continue
        else:
            remaining_elements =
            set(adj_nodes).difference(set(visited_vertices))
    first_adj_node = sorted(remaining_elements)[0]
    graph_stack.append(first_adj_node)
    node = first_adj_node
return visited_vertices
```

另一方面，如果没有访问所有相邻节点，则通过使用 remaining_elements =set(adj_nodes).difference(set(visited_vertices)) 查找计算 adj_nodes 和 visited_vertices 之间的差值，来获得尚未访问的节点。

sorted(remaining_elements) 中的第一项赋值给 first_adj_node，然后压入栈，并将栈顶部指向这个节点。当 while 正常循环时，返回 visited_vertices。

现在，通过将源代码与前面的示例联系起来，来解释源代码的工作原理。选择节点 A 作为开始节点。A 被压入栈并添加到 visited_vertices 列表中，标志着该节点被访问过。graph_stack 栈是用一个简单的 Python 列表实现的。现在的栈只有 A 作为它的唯一元素。检查节点 A 的相邻节点 B 和 S，为了测试 A 的所有相邻节点是否都被访问过，使用 if 语句，代码片段如下：

```python
if set(adj_nodes).issubset(set(visited_vertices)):
    graph_stack.pop()
    if len(graph_stack) > 0:
        node = graph_stack[-1]
    continue
```

如果所有节点都被访问过，就弹出栈的顶部。如果 graph_stack 栈不是空的，则将栈顶部的节点赋值给 node，并开始执行另一个 while 循环体。如果 adj_nodes 中的所有节点都是 visited_vertices 的子集，计算语句 set(adj_nodes).issubset(set(visited_vertices)) 得到 True。如果 if 语句失败，则意味着仍有一些节点有待访问。

使用 remaining_elements =set(adj_nodes).difference(set(visited_vertices)) 获得节点列表。

节点 B 和 S 将存储在 remaining_elements 中。将按字母顺序访问以下名单：

```python
first_adj_node = sorted(remaining_elements)[0]
graph_stack.append(first_adj_node)
node = first_adj_node
```

对 remaining_elements 进行排序，并将第一个节点返回给 first_adj_node，这将返回 B，通过将节点 B 附加到 graph_stack 中，将其压入栈。通过将节点 B 分配给 node 来准备节点 B 的访问。

在 while 循环的下一次迭代中，将节点 B 添加到已访问节点列表中。发现 B 的唯一相邻节点 A 已经被访问过。因为 B 的所有相邻节点都已经访问过了，所以把它从栈中取出来，留下 A 作为栈上的唯一元素。返回到 A，检查它的所有相邻节点是否都被访问过，节点 A 现在有 S 作为唯一的未访问节点，将 S 压入栈，然后重新开始整个过程。

遍历的输出是 A—B—S—C—D—E—H—G—F。

DFS 在解决迷宫问题、寻找连通体、寻找图中的桥等方面都有应用。

8.6　其他有用的图

经常需要用图来寻找到两个节点之间的路径。有时，需要找到节点之间的所有路径，某些情况下，可能需要找到节点之间的最短路径。例如，在路由应用程序中，通常使用各种算法来确定从源节点到目标节点的最短路径。对于一个未带权的图，可以简单地确定它们之间边数最少的路径。如果给定一个带权图，必须计算通过一组边的总权值。

因此，在不同的情况下，可能需要使用不同的算法找到最长或最短路径。

8.7　优先队列和堆

优先队列是一种数据结构，其类似于存储数据及其相关优先级的队列和栈数据结构。在优先队列中，优先级最高的项目优先被服务。优先级队列通常使用堆来实现，因为堆非常高效，当然也可以使用其他数据结构来实现。优先队列是一个修改过的队列，按照最高优先级的顺序返回项目，而队列则按照项目添加的顺序返回项目。优先队列在许多应用程序中使用，比如 CPU 线程调度等。

下面来举例说明优先队列相对于常规队列的优越性。假设顾客在商店中排队，服务只在队列的前面提供，每位顾客在得到服务之前都要排队等候一段时间。如果 4 个顾客在队列中所花费的时间单位分别为 4、30、2、1，则平均队列时间为 (4 + 34 + 36 + 37)/4，即 27.75。但是，如果将优先级条件与队列中存储的数据相关联，那么就可以给花费时间最少的顾客更高的优先级。在这种情况下，将按照顾客所花时间的顺序得到服务，即依次为 1、2、4、30。因此，平均等待时间将是 (1 + 3 + 7 + 37)/4=12，这是一个更好的平均等待时间。显然，用最少的时间为客户服务是有好处的。这种按优先级或其他条件选择下一个项目的方法是创建优先队列的基础。优先队列主要使用堆来实现。

堆是满足堆属性的数据结构。堆属性表明，父节点及其子节点之间必须存在某种关系，此属性可以应用于整个堆。

在最小堆中，父堆和子堆之间的关系是父堆上的值必须总是小于或等于它的子堆。因此，堆中最小值的元素必须是根节点。

另一方面，在最大堆中，双亲元素必须大于或等于它的子元素。由此可知，最大值的元素是根节点。

堆是二叉树，可以用一个列表来表示它，堆存储一个完整的二叉树。完整二叉树是指每一行都必须填满后才开始填充下一行的树，如图 8-21 所示。

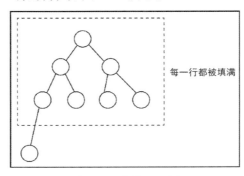

图 8-21　完整二叉树

为了使带索引的数学计算更简单，将保留列表中的第一项（index 0）为空。然后，将树节点按照从上到下、从左到右的顺序放入列表，如图 8-22 所示。

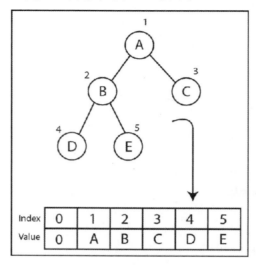

图8-22　按顺序放入列表

仔细观察发现，可以非常容易地检索到 n 索引处任何节点的子节点。左边的子节点是 $2n$，右边的子节点是 $2n+1$。这一点永远是正确的。例如，C 节点的索引为 3，因为 C 是索引为 1 的 A 节点的右子节点，所以它变成了 $2n+1 = 2 \times 1 + 1 = 3$。

一旦理解了最小堆，实现最大堆就会变得同样简单。Python 实现最小堆的方法，从 heap 类开始，如下所示：

```python
class Heap:
    def __init__(self):
        self.heap = [0]
        self.size = 0
```

用 0 初始化堆列表，以表示虚拟的第一个元素（请记住，这样做只是为了简化数学运算）。同时还创建了一个变量来保存堆的大小。

8.7.1　插入操作

将元素插入到最小堆需要两步。首先，将新元素添加到列表的末尾（可以理解为树的底部），并将堆的大小增加 1。然后，在每次插入操作之后，需要在堆树中排列新元素，以满足堆属性的方式组织所有节点，其中，最小堆中的最低元素必须是根节点。

首先，创建一个名为 arrange 的辅助方法，它负责在插入后安排所有节点。例如，在图 8-23 所示的最小堆中添加元素，并希望在其中插入值 2。

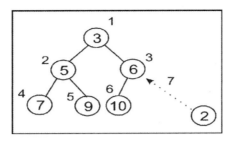

图8-23 插入值2

新元素已经占据了第三行或第三层的最后一个槽位,其索引值为7。现在将这个值与它的父值进行比较:父节点的索引是7/2 = 3(整数除法),这个元素保存着6,所以交换2,如图8-24所示。

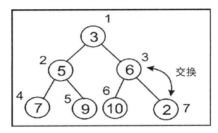

图8-24 交换

新元素已经被交换,并移动到索引3,但还没有到达堆的顶部(3/2 > 0),所以继续操作,新的双亲节点的索引是3/2=1。进行比较后,再次进行交换,如图8-25所示。

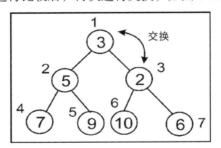

图8-25 比较后交换

在最后一次交换之后,剩下的堆符合堆的定义,如图8-26所示。

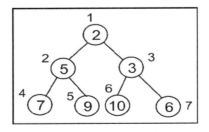

图8-26 最后一次交换

下面是在将一个元素插入到最小堆之后，arrange() 方法的实现：

```
def arrange(self, k):
```

将一直循环，直到到达根节点，这样就可以一直将元素排列到它需要的高度。因为使用的是整数除法，一旦低于 2，循环就会跳出：

```
while k // 2 > 0:
```

比较双亲节点和子节点，如果父节点大于子节点，交换这两个值，代码片段如下：

```
if self.heap[k] < self.heap[k//2]:
    self.heap[k], self.heap[k//2] = self.heap[k//2], self.heap[k]
```

最后，需要向上移动树：

```
k //= 2
```

这个方法能保证元素的正确排序。

现在，只需要从 insert 方法中调用这个：

```
def insert(self, item):
    self.heap.append(item)
    self.size += 1
    self.arrange(self.size)
```

注意，insert 中的最后一行调用了 arrange() 方法，以便根据需要重新组织堆。

8.7.2　弹出操作

pop 操作从堆中删除一个元素。首先，找到要删除的项目的索引，然后组织堆，使其满足堆属性。通常是从最小堆中取出最小值，根据最小堆的属性，可以通过它的根节点得到最小值。因此，为了从最小堆中获取并删除最小值，删除根节点并重新组织堆中的所有节点，堆的规模大小减少 1。

一旦根节点被删除，就需要一个新的根节点。为此，只需从列表中取出最后一项，并将其作为新的根节点，也就是说，把它移到列表的开头。但是，最后选择的节点可能不是堆中最小的元素，因此必须重新组织堆中的节点。根据 min-heap 属性构造所有节点，遵循与在向堆中插入元素时使用的 arrange() 方法相反的策略，将最后一个节点作为一个新的根节点，根据需要向下移动（或下沉）。

下面来详细演示一下这个过程。首先，取出根元素，如图 8-27 所示。

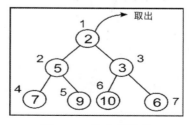

图8-27　取出根元素

如果选择向上移动根的一个子节点，就必须弄清楚如何重新平衡整个树结构，向上移动列表的最后一个元素，填充根元素的位置。例如，在图8-28所示的堆示例中，最后一个元素6被放置在根位置。

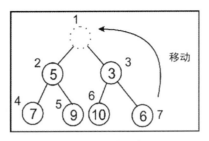

图8-28 堆示例

现在，这个元素显然不是堆中最低的，所以必须把它放到堆里。首先，需要确定是将它下沉到左子节点还是右子节点。比较两个子元素，当根元素下沉时，最小的元素就会向上移动。如图8-29所示，在本例中，比较根的两个子节点，即5和3。

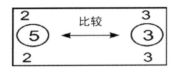

图8-29 比较

右子节点显然更小，它的索引是3，表示根索引 * 2 + 1。继续，将新的根节点与这个索引值进行比较，如图8-30所示。

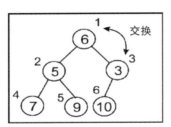

图8-30 比较后交换（1）

现在的节点已经向下移动到索引3。需要把它和它的子节点比较，现在只有一个子节点，所以不需要考虑与哪个子节点进行比较，如图8-31所示（对于最小堆，它总是较小的子节点）。

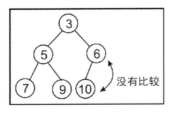

图8-31 没有比较

由于没有更多的行，所以没有交换的必要。注意，在 sink() 操作完成后，符合堆的定义。

现在可以开始执行了。在实现 sink() 方法之前，需要注意如何确定要与双亲节点进行比较的子节点，把这个选择放在它自己的最小索引方法中，代码如下：

```
def minindex(self, k):
```

可以越过列表的末尾，如果这样做了，则返回左子节点的索引：

```
if k * 2 + 1 > self.size:
    return k * 2
```

否则，只需返回两个子节点中较小的子节点的索引：

```
elif self.heap[k*2] < self.heap[k*2+1]:
    return k * 2
else:
    return k * 2 + 1
```

正如前面所做的，现在可以创建 sink() 函数进行循环，需要的时候将元素下沉：

```
def sink(self, k):
    while k*2 <- self.size:
```

接下来，使用 minindex() 函数，判断比较的是左子节点还是右子节点：

```
mi = self.minindex(k)
```

就像在插入操作时，在 arrange() 方法中所做的那样，比较父类和子类，看看是否需要进行交换：

```
if self.heap[k] > self.heap[mi]:
    self.heap[k], self.heap[mi] = self.heap[mi],
    self.heap[k]
```

需要确保沿着树向下移动，这样就不会陷入无限循环中，如下所示：

```
k = mi
```

最后，就是实现 pop() 方法本身这非常简单，繁重工作是 sink() 方法的实现，代码如下所示：

```
def pop(self):
    item = self.heap[1]
    self.heap[1] = self.heap[self.size]
    self.size -= 1
    self.heap.pop()
    self.sink(1)
    return item
```

8.7.3 测试堆

现在，通过一个示例介绍测试堆（heap）的实现。首先，通过依次插入 10 个元素来构建堆。例如，手动创建一个堆，元素为 {4, 8, 7, 2, 9, 10, 5, 1, 3, 6}，然后实现并验证是否正确地执行，如图 8-32 所示。

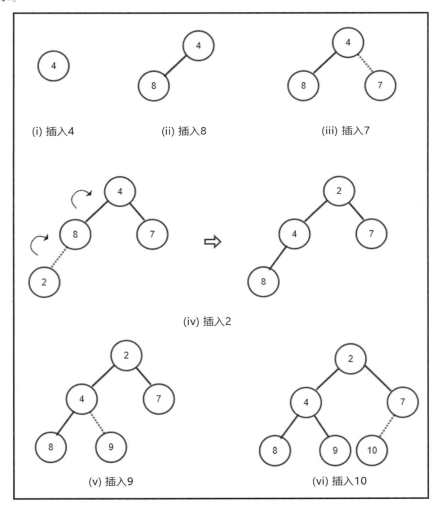

图 8-32 测试堆

在图 8-32 中，展示了在堆中逐步插入元素的过程，继续添加如下元素，如图 8-33 所示。

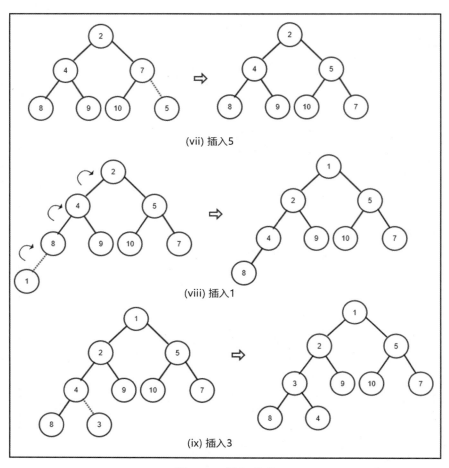

图8-33　添加元素

最后，向堆中插入元素 6，如图 8-34 所示。

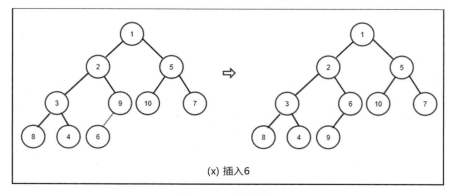

图8-34　插入元素6

现在，开始创建堆并插入数据，代码如下：

```
h = Heap()
for i in (4, 8, 7, 2, 9, 10, 5, 1, 3, 6):
    h.insert(i)
```

可以输出堆列表，以检查元素是如何排序的。如果将其重新绘制为树状结构，满足堆所需的属性，类似于手动创建的，代码如下：

```
print(h.heap)
```

现在要一次一个取出这些元素，注意这些元素是如何按照从低到高的顺序排列出来的。另外，注意在每次弹出之后，堆列表是如何变化的。sink() 方法将重新组织堆中的所有元素，代码如下：

```
for i in range(10):
    n = h.pop()
    print(n)
    print(h.heap)
```

这里，介绍了有关最小堆的概念，通过简单的反转逻辑来实现最大堆应该是一项简单的任务。

使用第 10 章中的最小堆算法，并将重写对列表中的元素进行排序的代码，这些算法被称为堆排序算法。

8.8 选择算法

选择算法属于一类寻找列表中最小元素的算法。当一个列表按升序排序时，列表中的第一个元素将是列表中最小的元素，列表中的第二个元素将是列表中第二小的元素，列表中的最后一个元素将是列表中最大的元素。

已经了解到，在创建堆数据结构时，调用 pop() 方法将返回最小堆中的最小元素。第一个弹出最小堆的元素是列表中最小的元素。类似地，从最小堆中弹出的第 7 个元素将是列表中第 7 小的元素。因此，查找列表中第 i 个最小的元素需要弹出堆 i 次。这是一种非常简单有效的方法，可以找到列表中第 i 小的元素。

第 11 章将研究找到列表中第 i 小元素的更多方法。

选择算法可以用于过滤掉有噪声的数据，找到列表中的中等、最小和最大元素，甚至可以应用于计算机象棋程序。

8.9 小 结

本章我们介绍了图和堆。图的主题对于许多实际应用来说是非常重要的，在 Python 中使用列表和字典来表示图和堆的不同方式。为了遍历图，使用了两种方法：BFS 和 DFS。

另外，介绍了堆和优先队列，以便理解它们的实现，最后介绍了如何使用堆的概念来查找列表中第 i 小的元素。

第 9 章将学习搜索的概念，以及如何在列表中有效地搜索元素的各种方法。

第9章 搜 索

对于所有的数据结构来说，最重要的操作之一就是从存储的数据中搜索元素。有多种方法可以在数据结构中搜索元素。本章将介绍不同的搜索算法和策略。

搜索操作是排序过程中一个非常重要的操作，如果不使用某种搜索操作的变体，实际上是不能对数据进行排序的。因此，如果搜索算法有效，那么排序算法将是快速的。

搜索操作的性能在很大程度上受到将要搜索的项是否已经排序的影响，后面会了解这一点。

本章目标：

● 了解各种搜索算法。

● 了解流行的搜索算法的实现。

● 理解二分搜索算法的实现。

● 理解插值搜索算法的实现。

技术要求：

源代码在 GitHub 上的链接：https://github.com/PacktPublishing/Hands-On-Data-Structures-and-Algorithms-with-Python-3.7-Second-Edition/tree/master/Chapter09。

9.1 搜索相关介绍

搜索算法分为两大类：

● 搜索算法应用于已经排序的项的列表，也就是说，应用于有序的项集。

● 搜索算法应用于未排序的无序项集。

9.1.1 线性搜索

搜索操作是从存储的数据中找到给定的项。如果搜索项在存储的列表中可用，则返回它所在的索引位置，否则返回该项未找到。在列表中搜索项目的最简单方法是线性搜索方法，在整个列表中逐个搜索项目。

以 6 个列表项 {60,1,88,10,11,100} 为例，来理解线性搜索算法，如图 9-1 所示。

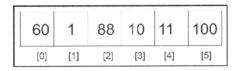

图9-1 线性搜索算法

图9-1的列表中，有可以通过列表索引访问的元素。为了找到列表中的元素，使用线性搜索技术，这种技术通过使用索引从列表的开头移动到末尾来遍历元素列表，检查每个元素，如果它与搜索项不匹配，则检查下一个项。通过从一项跳到下一项，顺序地遍历列表。

本章中，使用带有整数的列表项来帮助大家理解这一概念，因为整数可以很容易地进行比较；实际上，列表项可以包含任何其他数据类型。

9.1.2 无序线性搜索

线性搜索方法取决于列表项的存储方式——是按顺序存储还是无序存储。先看看列表中是否有未排序的项。

考虑一个包含元素 60、1、88、10、11 和 100 的无序列表，列表中的项没有按大小排序。要在这样的列表上执行搜索操作，从第一个项开始，并将其与搜索项进行比较，如果搜索项不匹配，则检查列表中的下一个元素。这个过程一直持续到列表中的最后一个元素，或者找到匹配的元素为止。

下面是 Python 中对无序列表项进行线性搜索的实现：

```
def search(unordered_list, term):
   unordered_list_size = len(unordered_list)
      for i in range(unordered_list_size):
         if term == unordered_list[i]:
            return i
   return None
```

搜索函数有两个参数：第一个参数是保存数据的列表，第二个参数是正在搜索的项，称为搜索项。

数组的大小决定了执行 for 循环的次数。下面的代码描述了这一点：

```
if term == unordered_list[i]:
  ...
```

在每次执行 for 循环时，测试搜索项是否等于索引项。如果为真，则匹配成功，不需要继续搜索，并返回在列表中找到搜索项的索引位置。如果循环运行到列表的末尾仍然没有找到匹配项，则返回 None，表示列表中没有这样的项。

在无序的项列表中，没有关于如何插入元素的指导规则。因此，它会影响执行搜索的方式，必须依次访问列表中的所有项。例如，在下面的列表中搜索 66，从列表中的第一个元素开始，移动到下一个元素。

因此，将 60 与 66 进行比较，如果不相等，则将 66 与下一个元素 1 进行比较，然后是 88，依次类推，直到找到列表中的搜索项，如图 9-2 所示。

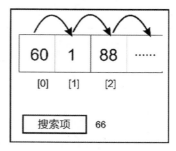

图9-2　找到列表中的搜索项

无序线性搜索的最坏情况时间复杂度是 $O(n)$。在找到搜索项之前，可能需要访问所有元素，最坏的情况是搜索项位于列表的最后一个位置。

9.1.3　有序线性搜索

线性搜索的另一种情况是列表元素已经排序，这时，搜索算法就可以得到改进。假设元素已经按升序排序，搜索操作可以利用列表的有序特性，从而提高搜索效率。

将算法简化为以下步骤：

（1）按顺序移动列表。

（2）如果搜索项大于循环中当前正在检查的对象或项，则退出并返回 None。

（3）在遍历列表的过程中，如果搜索项大于当前项，则不需要继续搜索。

考虑一个例子，看看是如何工作的。取一个项列表，如图 9-3 所示，搜索项 5。

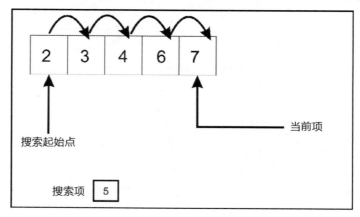

图9-3　取一个项列表

当搜索操作开始并将第一个元素与搜索项 5 进行比较时，没有找到匹配项。但是，列表中有很多的元素，因此搜索操作继续检查下一个元素。在已排序的列表中继续搜索的一个更有说服力的理由是，知道搜索项可以匹配任何大于 2 的元素。

在第四次比较之后，搜索项在列表后面 6 所在的任何位置都找不到。换句话说，如果当前项大于搜索项，则意味着不需要进一步搜索列表。

下面是当列表已经排序时线性搜索的实现：

```python
def search(ordered_list, term):
    ordered_list_size = len(ordered_list)
    for i in range(ordered_list_size):
        if term == ordered_list[i]:
            return i
        elif ordered_list[i] > term:
            return None
    return None
```

在前面的代码中，if 语句现在用于检查搜索项是否能够在列表中找到。elif 测试 ordered_list[i] > term 的条件。如果比较结果为 True，则该方法返回 i。

方法的最后一行返回 None，因为循环可能遍历列表，但搜索项仍然不匹配。

有序线性搜索的最坏情况时间复杂度是 $O(n)$。通常，这种搜索被认为是低效的，特别是在处理大型数据集时。

9.2　二分搜索

二分搜索是一种搜索算法，用于在已排序的数组或列表中搜索元素。因此，二分搜索算法从给定的排序项列表中找到给定的项，它是一种非常快速和高效的搜索元素的算法，唯一的缺点是需要一个排序的列表。二分搜索算法的最坏情况的运行时间复杂度是 $O(\log_2 n)$，而线性搜索的运行时间复杂度是 $O(n)$。

二分搜索算法的工作原理如下：通过将给定列表除以一半开始查找搜索项，如果搜索项小于中间值，则只在列表的前半部分查找搜索项；如果搜索项大于中间值，则只在列表的后半部分查找搜索项。每次都重复相同的过程，直到找到搜索项或者检查了整个列表。

通过一个例子来理解二分搜索过程。假设有一本 1000 页的书，想找到页码 250。知道每本书的页数都是从 1 向上编号的。因此，根据二分搜索的类比，首先检查搜索项 250，它小于 500（该书的中点）。因此，只在书的前半部分搜索所需的页面。再次找到这本书前半部分的中间值，也就是说，用第 500 页作为参考，找到了中间值，也就是第 250 页。离找到第 250 页又近了一步，然后在书中找到需要的那一页。

考虑另一个例子，来理解二分搜索的工作过程。从一个包含 12 个项的列表中找到搜索项 43，如图 9-4 所示。

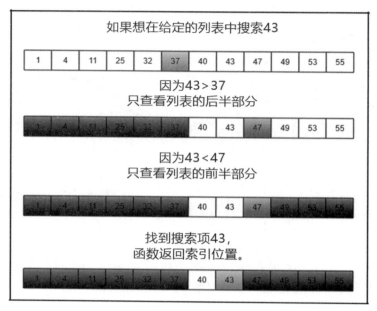

图9-4　搜索项43

通过将它与列表的中间项（本例中为37）进行比较来开始搜索这个项，如果搜索项小于中间值，则只查看列表的前半部分；否则，就看后半部分。所以只需要搜索其中的项的后半部分，直到在列表中找到搜索项43，如图9-4所示。

下面是二分搜索算法在有序列表项上的实现：

```python
def binary_search(ordered_list, term):
    size_of_list = len(ordered_list) - 1
    index_of_first_element = 0
    index_of_last_element = size_of_list
    while index_of_first_element <= index_of_last_element:
        mid_point = (index_of_first_element + index_of_last_element)//2
        if ordered_list[mid_point] == term:
            return mid_point
        if term > ordered_list[mid_point]:
            index_of_first_element = mid_point + 1
        else:
            index_of_last_element = mid_point - 1
    if index_of_first_element > index_of_last_element:
        return None
```

假设必须找到搜索项10在列表中的位置，如图9-5所示。

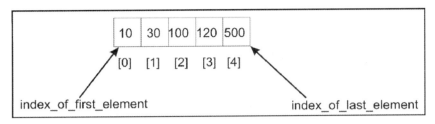

图9-5　找搜索项10的位置

该算法使用 while 循环来迭代地调整列表中的限制，必须在其中查找搜索项。while 循环的终止条件是：index_of_first_element 与 index_of_last_element 索引之间的差值必须为正。

该算法首先通过将第一个元素（0）的索引与最后一个元素（4）的索引相加，再除以 2 来找到中间索引，从而找到列表的中点。

在本例中，中间值是 100，在列表的中间位置找不到值 10。由于我们搜索的是 10，小于中，它位于列表的前半部分，因此，我们调整索引范围：index_of_first_element 到 mid_point–1，如图 9–6 所示。但是，如果我们搜索 120，在这种情况下，由于 120 大于中间值（100），我们将搜索列表后半部分的项，并且需要更改列表索引范围：mid_point+1 到 index_of_last_element，如图 9–6 所示。

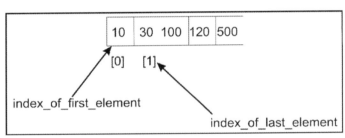

图9-6　更改列表索引范围

现在，有了新的索引 index_of_first_element 和 index_of_last_element 分别是 0 和 1，计算中间值 (0 + 1)/2=0，新的中间值是 0，因此找到了中间的项，并将其与搜索项 ordered_list[0] 进行比较，结果是 10。现在，找到了搜索项，并返回了索引位置。

只要 index_of_first_element 小于 index_of_last_element，条件符合，就继续重新调整索引 index_of_first_element 和 index_of_last_element，如此，列表规模大小减少了一半。若不存在这种情况，说明搜索项不在列表中。

这是一个迭代的过程，还可以通过应用相同的原理，移动标记搜索列表开始和结束的指针，采用该算法的递归变体，考虑下面的代码：

```
def binary_search(ordered_list, first_element_index, last_element_index,
term):
    if (last_element_index < first_element_index):
        return None
    else:
```

```
        mid_point = first_element_index + ((last_element_index -
        first_element_index) // 2)
        if ordered_list[mid_point] > term:
            return binary_search(ordered_list, first_element_index,
            mid_point-1,term)
        elif ordered_list[mid_point] < term:
            return binary_search(ordered_list, mid_point+1,
            last_element_index, term)
        else:
            return mid_point
```

对这个递归实现的二分搜索算法的调用，输出如下：

```
    store = [2, 4, 5, 12, 43, 54, 60, 77]
    print(binary_search(store, 0, 7, 2))
Output:
>> 0
```

这里，递归二分搜索和迭代二分搜索之间的唯一区别是函数定义以及计算 mid_point 的方式。((last_element_index - first_element_index)//2) 运算符之后，mid_point 的计算结果要添加到 first_element_index 中。通过这种方式，定义了搜索的列表部分。

二分搜索算法的最坏情况时间复杂度为 $O(\log_2 n)$，每次迭代时，列表的一半遵循 $\log_2 n$ 元素个数及其级数。

9.3 插值搜索

插值搜索算法是二分搜索算法的改进版本。当有序列表中有均匀分布的元素时，它的执行效率非常高。在二分搜索中，总是从列表的中间开始搜索，而在插值搜索中，根据要搜索的项来确定起始位置，根据搜索项的不同，开始搜索的位置有可能是最接近列表的开始或结束的位置。如果搜索项靠近列表中的第一个元素，那么开始搜索的位置很可能靠近列表的开始位置。

插值搜索是二分搜索算法的一种变体，它类似于人类在任何项列表上执行搜索的方式，它的基础是尝试对一个搜索项可能在已排序的项列表中找到的索引位置进行很好的预测，与二分搜索算法类似。不同之处是确定分割标准以分割数据来减少比较次数，在二分搜索的情况下，将数据分成相等的两部分，在插值搜索的情况下，使用公式来分割数据，代码如下：

```
mid_point = lower_bound_index + (( upper_bound_index - lower_bound_
index)// (input_list[upper_bound_index] - input_list[lower_bound_index])) *
(search_value - input_list[lower_bound_index])
```

上面的代码中，lower_bound_index 变量是索引下界，是列表中最小值的索引。变量 input_list[lower_bound_index] 和变量 input_list[upper_bound_index] 分别是列表中的最小值和最大值，search_value 变量包含要搜索的项的值。

考虑一个例子来理解插值搜索算法是如何工作的，在如图 9-7 所示的含有 7 项的列表中搜索 120。

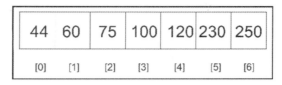

图9-7 搜索120

看列表的右边部分，为了找出 120，通常二分搜索首先检查中间元素，以确定它是否与搜索项匹配。

一种更人性化的方法是选择中间的某些元素，尽可能接近搜索项，位置的计算规则如下：

```
mid_point = (index_of_first_element + index_of_last_element)//2
```

在插值搜索算法中，将用一个更好的公式来代替这个公式，使我们更接近搜索项。mid_point 将接收 nearest_mid 函数的返回值，该函数计算方法如下：

```
def nearest_mid(input_list, lower_bound_index, upper_bound_index,
search_value):
    return lower_bound_index + (( upper_bound_index -lower_bound_index)//
    (input_list[upper_bound_index] -input_list[lower_bound_index])) *
    (search_value -input_list[lower_bound_index])
```

nearest_mid 函数接收搜索的列表作为参数，lower_bound_index 和 upper_bound_index 形参表示搜索项列表的边界。此外，search_value 表示要搜索的值。

给定搜索列表，44、60、75、100、120、230 和 250，nearest_mid 计算方法如下：

```
lower_bound_index = 0
upper_bound_index = 6
input_list[upper_bound_index] = 250
input_list[lower_bound_index] = 44
search_value = 230
```

计算 mid_point 的值：

```
mid_point= 0 + [(6-0)//(250-44) * (230-44)
        = 5
```

可以看到，mid_point 值为 5，在插值搜索的情况下，算法会从索引位置 5 开始搜索，也就是搜索项所在位置的索引。因此，要搜索的项将在第一次比较中找到，而在二分搜索的情况下，则需要选择 100 作为 mid_point，然后再次运行算法。

下面给出了一个比较直观的例子来说明典型的二分搜索与插值搜索的区别。在一个典型的二分搜索中，它会找到看起来像是在列表中间的 mid_point，如图 9-8 所示。

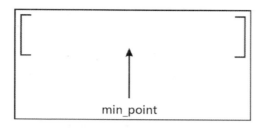

图9-8 找到列表中间的mid_point

可以看到 mid_point 实际上大约位于前面列表的中间位置，这是列表除以 2 的结果。

在插值搜索的情况下，mid_point 移动到最可能的位置，项目可以匹配，如图 9-9 所示。

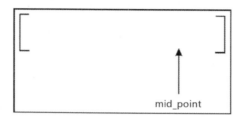

图9-9 插值搜索

在插值搜索中，mid_point 通常更偏向左边或右边。这是由于乘数在除以得到 mid_point 时所使用的结果。图 9-9 中，mid_point 更偏向右边。

除了计算 mid_point 的方法外，插值搜索算法的实现与二分搜索算法相同。

这里，提供了插值搜索算法的实现，代码如下：

```python
def interpolation_search(ordered_list, term):
    size_of_list = len(ordered_list) - 1
    index_of_first_element = 0
    index_of_last_element = size_of_list
    while index_of_first_element <= index_of_last_element:
        mid_point = nearest_mid(ordered_list, index_of_first_element,
        index_of_last_element, term)
        if mid_point > index_of_last_element or mid_point <
        index_of_first_element:
            return None
        if ordered_list[mid_point] == term:
            return mid_point
        if term > ordered_list[mid_point]:
            index_of_first_element = mid_point + 1
        else:
            index_of_last_element = mid_point - 1
```

```
    if index_of_first_element > index_of_last_element:
        return None
```

nearest_mid 函数使用了乘法操作，可能产生大于 upper_bound_index 或小于 lower_bound_index 的值。当这种情况发生时，它意味着搜索项 term 不在列表中，因此，返回 None 表示这个结果。

那么当 ordered_list[mid_point] 不等于搜索项时，会发生什么？

重新调整 index_of_first_element 和 index_of_last_element，以便该算法将专注于数组中可能包含搜索项的部分。这和二分搜索中做的完全一样：

```
    if term > ordered_list[mid_point]:
        index_of_first_element = mid_point + 1
```

如果搜索项大于 ordered_list[mid_point] 中存储的值，则只调整 index_of_first_element 变量，使其指向 mid_point + 1 索引。

index_of_first_element 被调整并指向 mid_point+1 索引，调整过程如图 9-10 所示。

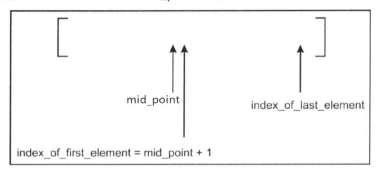

图 9-10　调整过程

图 9-10 只是说明了 mid_point 的调整。在插值中，中点很少把列表分成相等的两半。

另一方面，如果搜索项小于存储在 ordered_list[mid_point] 的值，则只调整指向 mid_point-1 的索引 index_of_last_element 变量，这个逻辑由 if 中的 else 分支语句 index_of_last_element = mid_point-1 实现，如图 9-11 所示。

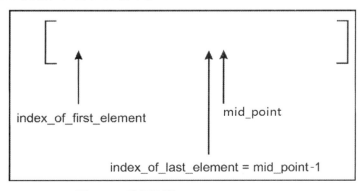

图 9-11　重新计算 index_of_last_element

图 9-11 中显示了重新计算 index_of_last_element 对 mid_point 位置的影响。

这里,用一个实际例子,来理解二分搜索和插值算法的工作原理。

例如,一个含有以下元素的列表:

```
[2, 4, 5, 12, 43, 54, 60, 77]
```

在索引 0 处,存储值 2,在索引 7 处,存储值 77。现在,假设想要找到列表中的值 2。这两种不同的算法会怎么做呢?

如果使用插值搜索方法,使用 mid_point 计算公式,nearest_mid 函数将返回等于 0 的值,如下所示:

```
mid_point= 0 + [(7-0)//(77-2) * (2-2)
        = 0
```

当得到 mid_point 为 0 时,从索引为 0 的值开始进行插值搜索。只经过一次比较,就找到了搜索项。而二分搜索算法需要三次比较才能找到搜索项,如图 9-12 所示。

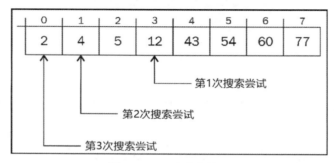

图9-12　二分搜索算法

计算的第一个 mid_point 值是 3,第二个 mid_point 值是 1,找到搜索项的最后一个 mid_point 值是 0。很明显,在大多数情况下插值搜索算法的性能要优于二分搜索。

搜索算法选择

与有序和无序线性搜索函数相比,二分搜索算法和插值搜索算法的性能更好。由于线性探测列表中的元素可以找到搜索项,有序和无序线性搜索的时间复杂度是 $O(n)$,当列表很大时,搜索性能会比较差。

另一方面,二分搜索在搜索的时候,将列表切片为两个,每次迭代,接近搜索项的速度要比线性探测快得多,时间复杂度是 $O(\log_2 n)$。二分搜索的主要缺点是无法应用于无序列表项,也不适用于体积小的排序列表。

能否到达包含搜索项的列表部分,很大程度上决定了搜索算法的性能。插值搜索算法的中点的计算方式能更快地获得搜索条件,插值搜索的平均情况时间复杂度是 $O(\log_2(\log_2 n))$,而插值搜索算法的最坏情况时间复杂度是 $O(n)$。这表明插值搜索算法比二分搜索算法更好,并且在大多数情况下提供更快的搜索。

9.5　小　结

本章我们介绍了两种重要的搜索算法：线性搜索算法、二分搜索算法，并对它们进行了比较，还详细介绍了二分搜索的变体——插值搜索。

第 10 章将使用搜索排序算法的概念，对一个项列表执行排序算法。

第10章 排　序

　　排序意味着按照从最小到最大的顺序重新组织数据。排序是数据结构和计算中的重要问题之一。定期对数据进行排序可以非常有效地检索数据，数据可以是姓名、电话号码的集合，也可以是简单的待办事项列表上的项目。

　　本章目标：

● 冒泡排序。

● 插入排序。

● 选择排序。

● 快速排序。

● 堆排序。

　　本章中，将对不同排序算法的渐近行为进行比较，有些算法相对容易开发，但可能表现不佳，而其他算法实现起来稍微复杂一些，但在长列表中可能表现出良好的排序性能。排序之后，对一组项进行搜索操作会变得容易得多。本章将从最简单的冒泡排序算法开始讲解。

　　技术要求：

　　源代码在 GitHub 上的链接：https://github.com/PacktPublishing/Hands-On-Data-Structures-and-Algorithms-with-Python-Second-Edition/tree/master/Chapter10。

10.1　排序算法

　　排序是指将列表中的所有项按照它们的大小升序或降序排列。本章将介绍一些最重要的排序算法，根据运行时复杂度，每种算法都有不同的性能属性。排序算法根据其内存使用情况、复杂度、递归以及是否基于比较等因素进行分类。

　　一些算法使用更多的 CPU 周期，渐近值不好。其他算法在对一些项进行排序时，需要消耗更多的内存和其他计算资源。另一个需要考虑的问题是，排序算法如何能够以递归、迭代或两者兼而有之的方式进行，有些算法使用比较作为元素排序的基础，冒泡排序算法就是一个例子。非比较排序算法的例子是桶排序和鸽巢排序算法。

10.2 冒泡排序算法

冒泡排序算法背后的思想非常简单。给定一个无序列表，比较列表中相邻的元素，在每次比较之后，将它们按正确的顺序排序。如果它们没有按照正确的顺序排序，通过交换相邻的元素变顺序，对于有 n 个元素的列表，这个过程要重复 n-1 次，在每次这样的迭代中，最大的元素被安排在最后。例如，在第一次迭代中，最大的元素将被放置在列表的最后一个位置，对于剩余的 n-1 个元素，同样的过程将被执行。在第二次迭代中，第二大元素将被放置在列表的倒数第二个位置，重复这个过程，直到列表被排序。

以一个只有两个元素 [5,2] 的列表为例，来理解冒泡排序的概念，如图 10-1 所示。

图 10-1 冒泡排序概念

要对这个列表进行排序，只需将值交换到正确的位置，其中 2 占用索引 0，5 占用索引 1。为了有效地交换这些元素，需要一个临时存储区域，如图 10-2 所示。

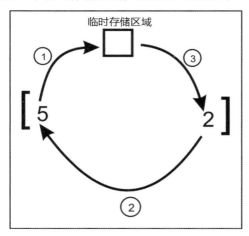

图 10-2 临时存储区域

冒泡排序算法的实现从 swap 方法开始，如图 10-2 所示。首先，元素 5 将被复制到一个临时位置 temp。然后，元素 2 将被移动到索引 0。最后，5 将从临时位置移动到索引 1。最后，元素将被交换。现在，列表将包含 [2,5] 这样的元素。如果 unordered_list[j] 与 unordered_list[j+1] 元素之间排列的顺序不正确，就交换它们的顺序，下面是交换代码：

```
temp = unordered_list[j]
unordered_list[j] = unordered_list[j+1]
unordered_list[j+1] = temp
```

既然已经能够交换包括两个元素的数组,使用同样的方法对整个列表排序,应该也很简单。

考虑另一个示例来理解冒泡排序算法的工作过程。例如,对一个包含 6 个元素的无序列表 [45,23,87,12,32,4] 进行排序。在第一次迭代中,比较前两个元素 45 和 23,并交换它们,因为 45 应该放在 23 之后。然后,比较下一个相邻值 45 和 87,看看它们的顺序是否正确。如果顺序不对,交换它们的顺序。如图 10-3 所示,第一次冒泡迭代排序之后,最大的元素 87 被放到了列表的最后一个位置。

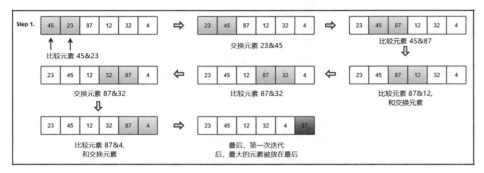

图10-3　第一次迭代后排序

第一次迭代后,只需要排列剩余的 $n-1$ 个元素。通过比较其余五个元素的相邻元素,重复相同的过程。第二次迭代后,第二大元素 45 被放置在列表倒数第二的位置,如图 10-4 所示。

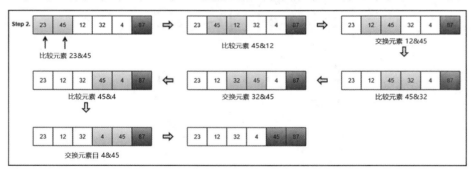

图10-4　第二次迭代后排序

接下来,比较剩余的 $n-2$ 个元素,将它们排列,如图 10-5 所示。

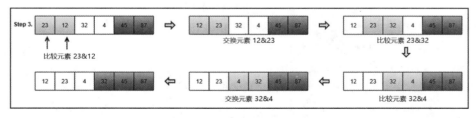

图10-5　比较剩余的$n-2$个元素排序

同样,比较剩余的元素来对它们进行排序,如图 10-6 所示。

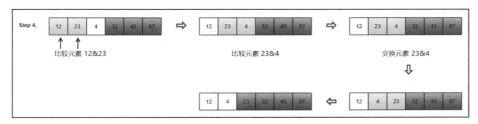

图 10-6　比较剩余元素并排序

最后，在剩下的两个元素中，将它们按照正确的顺序放置，得到最终的排序列表，如图 10-7 所示。

图 10-7　最终的排序列表

通过一个双嵌套循环实现冒泡排序算法，其中内循环重复地比较和交换列表的每个迭代中的相邻元素，外循环跟踪内循环应重复的次数。内循环的实现如下：

```
for j in range(iteration_number):
    if unordered_list[j] > unordered_list[j+1]:
        temp = unordered_list[j]
        unordered_list[j] = unordered_list[j+1]
        unordered_list[j+1] = temp
```

在实现冒泡排序算法时，了解循环需要运行多少次才能完成所有交换是很重要的。包括三个数字的列表排序，如 [3,2,1]，需要最多交换元素两次。这等于列表的长度减 1，可以写成 iteration_number = len(unordered_list)-1，因为它正好给出了运行的最大迭代次数。

在一个有三个数字的列表中，通过两次迭代交换相邻的元素，最大的数字排在列表的最后一个位置，如图 10-8 所示。

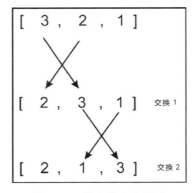

图 10-8　最大数字在最后

if 语句确保如果两个相邻元素的顺序已经正确，则不会进行交换操作。内部 for 循环导致列表中相邻元素的交换恰好发生两次。

这个交换操作要发生多少次，才能使整个列表排序？我们知道，如果多次重复交换相邻元素的整个过程，列表将被排序，使用一个外部循环来实现这一点。交换列表中的元素会产生以下动态结果，如图 10-9 所示。

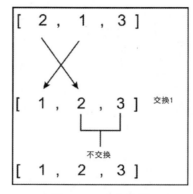

图 10-9　动态结果

我们认识到，要使列表排序，最多只需进行 4 次比较。因此，不论是内部循环还是外部循环都必须运行 len(unordered_list)–1 次，才能对所有元素进行排序，代码如下：

```
iteration_number = len(unordered_list)-1
    for i in range(iteration_number):
    for j in range(iteration_number):
            if unordered_list[j] > unordered_list[j+1]:
                temp = unordered_list[j]
                unordered_list[j] = unordered_list[j+1]
                unordered_list[j+1] = temp
```

即使列表包含许多元素，也使用相同的原则。冒泡排序也有很多变化，可以最小化迭代和比较的次数。

例如，冒泡排序算法的一种变体是，如果在内部循环中没有交换操作，就简单地退出整个排序过程，因为在内部循环中没有任何交换操作，则表明列表已经排序，某种程度上有利于提高算法的速度。

冒泡排序是一种效率低下的排序算法，它提供了最坏情况和平均情况下的运行时复杂度是 $O(n^2)$，最佳情况复杂度是 $O(n)$。通常，冒泡排序算法不应该用于排序大型列表，因其在相对较小的列表排序中表现良好。

10.3　插入排序算法

交换相邻元素来对项列表进行排序的思想，也可以用于实现插入排序。插入排序算法维持始终排序的子列表，而列表的其他部分保持未排序。从未排序的子列表中获取元素，并将它们插入到已排序子列表中的正确位置，以这种方式使子列表保持有序。

在插入排序中，从一个元素开始，假设它已排序，然后从未排序的子列表中取出另一个元素，并将其放在已排序子列表中正确的位置（相对于第一个元素）。这意味着排序后的子列表现在有两个元素。然后，再次从未排序的子列表中获取另一个元素，并将其放置在已排序子列表中正确的位置（相对于两个已经排序的元素）。重复这个过程，将未排序子列表中的元素一个接一个地插入到已排序子列表中。图 10-10 中阴影元素表示有序的子列表，每次迭代，来自无序子列表的元素被插入到有序子列表的正确位置。

举一个例子来演示插入排序算法的工作过程。示例中，将对一个包含 6 个元素的列表进行排序：[45,23,87,12,32,4]。首先，从第一个元素开始，假设它已排序，然后从未排序的子列表中取出下一个元素 23，并将其插入到已排序子列表中的正确位置。在下一个迭代中，从未排序的子列表中取出第三个元素 87，并将其插入到已排序的子列表的正确位置。如此，直到所有元素都插入到已排序的子列表中。整个过程如图 10-10 所示。

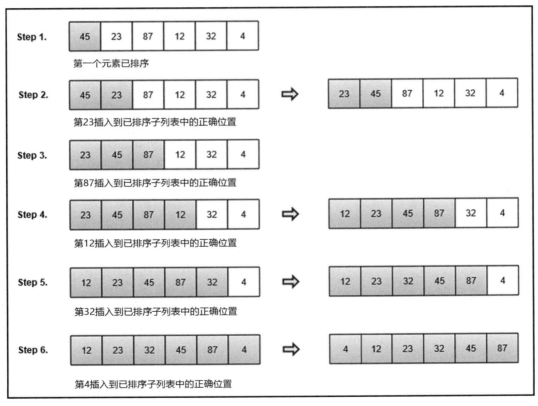

图 10-10　插入排序过程图

为了理解插入排序算法的实现，以另一个包含 5 个元素 [5,1,100,2,10] 的列表为例，来详细解释这个过程。

考虑如图 10-11 所示的数组。

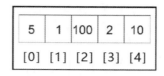

图 10-11　数组

该算法首先使用 for 循环在索引 1 和 4 之间运行。从索引 1 开始，因为索引 0 处的子数组，已经按照正确的顺序排序了，如图 10-12 所示。

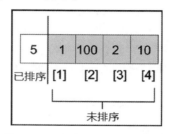

图 10-12　在索引 1 和 4 之间运行

在循环执行的开始，执行以下代码：

```
for index in range(1, len(unsorted_list)):
    search_index = index
    insert_value = unsorted_list[index]
```

在每次执行 for 循环的开始部分，unsorted_list[index] 的元素存储在 insert_value 变量中，之后，当在列表的已排序部分中找到合适的位置时，insert_value 将被存储在该索引的位置，代码如下：

```
for index in range(1, len(unsorted_list)):
    search_index = index
    insert_value = unsorted_list[index]
    while search_index > 0 and unsorted_list[search_index-1] >
        insert_value :
        unsorted_list[search_index] = unsorted_list[search_index-1]
        search_index -= 1
        unsorted_list[search_index] = insert_value
```

search_index 用于向 while 循环提供搜索信息，也就是说，在哪里找到需要插入到已排序子列表中的下一个元素。

依据两个条件，while 循环反向遍历列表：第一，如果 search_index > 0，则表示在列表的排序部分有更多的元素；第二，要运行 while 循环，unsorted_list[search_index-1] 必须大于 insert_value 变量。unsorted_list[search_index-1] 数组将做以下事情之一：

● 在第一次执行 while 循环之前，指向 unsorted_list[search_index] 的前一个元素。

● 在 while 循环第一次运行后，指向 unsorted_list[search_index-1] 的前一个元素。

在示例列表中，因为5>1，执行 while 循环。在 while 循环的主体中，存储在 unsorted_list[search_index]. search_index -= 1 处的 unsorted_list[search_index-1] 元素，遍历列表向后移动，直到它的索引值为 0，列表如图 10-13 所示。

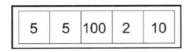

图 10-13 列表

在 while 循环结束后，search_index 的最后一个已知位置（在本例中是 0）可以提供插入 insert_value 的位置，如图 10-14 所示。

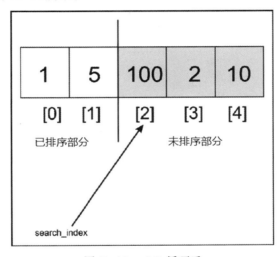

图 10-14 while循环后

在 for 循环的第二次迭代中，search_index 的值为 2，这是数组中第三个元素的索引。此时，开始向左比较（向索引 0 方向）。将 100 与 5 进行比较，100 大于 5，所以 while 循环将不会执行，100 会被它自己取代，所以 search_index 变量不变，这样，unsorted_list[search_index] = insert_value 也没有执行。

当 search_index 指向索引 3 时，比较 2 和 100，并将 100 移动到索引 3 的位置。然后比较 2 和 5，并将 5 移动到最初存储 100 的位置。此时，while 循环将中断，2 将存储在索引 1 中。数组将按 [1,2,5,100,10] 的顺序排序。前面的步骤将执行最后一次，以便对列表进行排序。

插入排序算法被认为是稳定的，因为它不会改变键 / 值相等的元素的相对顺序，它所需的内存也不会超过列表所消耗的内存，因为排序过程中的交换随时进行。

插入排序算法的最坏情况下的运行复杂度是 $O(n^2)$，最佳情况下的运行复杂度是 $O(n)$。

10.4 选择排序算法

另一种流行的排序算法是选择排序。选择排序算法是首先找到列表中最小的元素，然后将其与存储在表第一个位置的元素进行交换，从而成为子列表的第一个元素，接下来找到第二小的元素，它是其剩余列表中最小的元素，并与列表中的第二个位置的元素互换，这使得初始的两个元素完成排序。重复这个过程，列表中剩下的最小元素应该与列表中第三个位置的元素交换，这意味着前三个元素现在已经排序了。这个过程重复 $n-1$ 次，以对 n 项进行排序。

举一个例子来演示这个算法是如何工作的。将使用选择排序算法对以下 4 个元素进行排序，如图 10-15 所示。

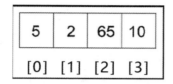

图10-15　选择排序算法排序

从索引 0 开始，在索引 1 和最后一个元素的索引之间查找列表中最小的元素。当找到这个元素时，它将与索引 0 处的元素交换，简单重复这个过程，直到列表完全排序。搜索列表中最小的项是一个递增过程，如图 10-16 所示。

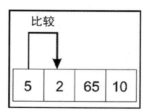

图10-16　递增过程

比较元素 2 和元素 5，因为元素 2 是这两个值中较小的值，因此，这两个元素被交换。在交换操作之后，数组排序如图 10-17 所示。

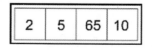

图10-17　交换后

进一步在索引 0 处比较 2 和 65，如图 10-18 所示。

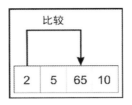

图 10-18　比较 2 和 65

因为 65 大于 2，所以这两个元素没有交换。在索引为 0 的元素（值为 2）和索引为 3 的元素（值为 10）之间进一步比较，在这种情况下不会发生交换。当到达列表中的最后一个元素时，将被索引为 0 的最小元素占据。

下一次迭代，比较索引中位置 1 的元素，重复将存储在索引 1 的元素与从索引 2 到最后一个索引的所有元素进行比较的整个过程。

第二次迭代，从比较 5 和 65 开始，如图 10-19 所示。

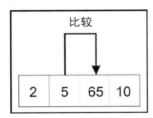

图 10-19　第二次迭代

一旦发现 5 是从索引 1 到 3 的子列表中最小的值，就把它放在索引 1 处。类似地，子列表中索引 2 和索引 3 中的下一个最小的元素放在索引 2。

下面是选择排序算法的一个实现。函数的实参是按大小升序放入的未排序项目列表，代码如下：

```python
def selection_sort(unsorted_list):
    size_of_list = len(unsorted_list)
    for i in range(size_of_list):
        for j in range(i+1, size_of_list):
            if unsorted_list[j] < unsorted_list[i]:
                temp = unsorted_list[i]
                unsorted_list[i] = unsorted_list[j]
                unsorted_list[j] = temp
```

该算法首先使用外部 for 循环遍历列表（size_of_list）若干次，因为将 size_of_list 传递给 range 方法，所以它将生成一个从 0 到 size_of_list−1 的序列。

内部循环负责遍历列表，如果遇到的元素小于 unsorted_list[i] 所指向的元素，则交换元素。注意，每次内部循环从 i+1 开始，一直到 size_of_list−1 为止。

内部循环使用 j 的下标，搜索 i+1 中的最小元素，如图 10-20 所示。

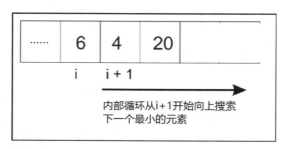

图10-20　搜索i+1中的最小元素

图 10-20 显示了算法搜索下一个最小元素的方向。

选择排序算法给出了 $O(n^2)$ 的最坏情况和最佳情况的运行复杂度。

10.5　快速排序算法

快速排序算法对排序非常有效。快速排序算法属于分治类算法，类似于归并排序算法，将问题分解成更小的块，这些块更容易解决。

10.5.1　分区

快速排序背后的原理，是对给定列表或数组进行分区。为了分割列表，首先选择一个主元，列表中的所有元素都将与这个主元进行比较，划分过程结束时，所有小于主元的元素都在主元的左边，而所有大于主元的元素都在主元的右边。

选择主元

为了简单起见，把数组中的第一个元素作为主元。这种类型的主元选择会降低性能，特别是在对已经排序的列表进行排序时。随机选择数组中的中间或最后一个元素作为主元并不能提高排序的性能。第 11 章将介绍一种选择主元并找到列表中最小的元素的更好方法。

10.5.2　举例说明

在快速排序算法中，一个无序数组分割成两部分，该分区的所有元素左边（也称为一个主元）应小于主元，右边的元素应大于主元。在快速排序算法的第一次迭代之后，选择的主元将被放置在列表中的正确位置，从而得到了两个无序的子列表，并在这两个子列表上再次遵循相同的过程。因此，快速排序算法将列表分成两部分，并在这两个子列表上递归地应用快速排序算法对整个列表进行排序。

首先选择一个主元，将所有元素与之进行比较，第一次迭代结束时，这个值被放置在有序列表中的正确位置。接下来，使用两个指针，一个左指针和一个右指针。左指针最初指向下标 1 处的值，右指针指向最后一个下标处的值。

　　快速排序算法背后的主要思想是，移动位于主元值顺序反向一侧的项。因此，从左指针开始，从左到右移动，直到到达一个元素的值大于主元的位置。类似地，将右指针向左移动，直到找到一个小于主元值的值；然后，交换由左指针和右指针指示的这两个值。重复相同的过程，直到两个指针相互交换。换句话说，直到右指针索引指示的值小于左指针索引的值。

　　以一个数字列表 [45,23,87,12,72,4,54,32,52] 为例，来理解快速排序算法是如何工作的。假设列表中的主元是第一个元素 45。左指针从索引 1 向右移动，当到达值 87 时停止，因为 87>45。接下来，将右指针移动到左指针，并在找到值 32 时停止，因为 32<45。

　　现在，交换这两个值，如图 10-21 所示。

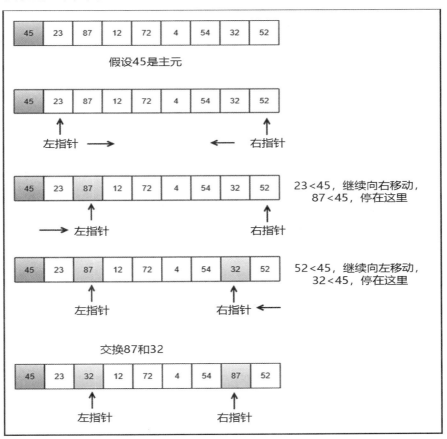

图 10-21　交换值

　　然后，重复相同的过程，将左指针向右移动，当找到值 72 时停止，因为 72>45。接下来，将右指针移向左指针，并在到达值 4 时停止，因为 4<45。现在，交换这两个值，因为它们在主元顺序的相反方向上。重复相同的过程，并在右指针的索引值小于左指针的索引值时停止。这里，找到 4 作为分割点，并将它与主元交换，如图 10-22 所示。

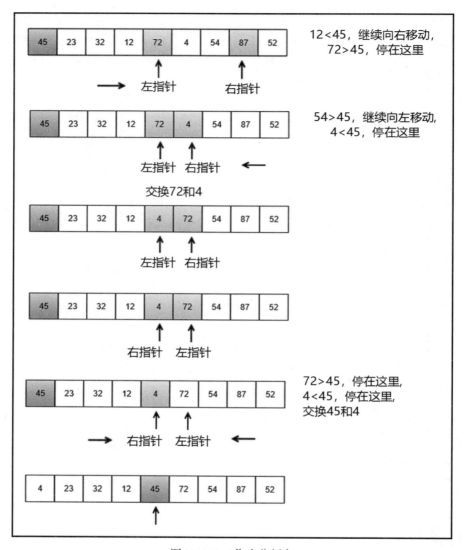

图10-22 4作为分割点

可以看到，在快速排序算法的第一次迭代后，主元值45被放置在列表中的正确位置。

现在有两个子列表，如图10-23所示。

（1）主元右侧的另一个子列表包含大于45的值，在这两个子列表上重复递归应用快速排序算法，直到整个列表排序完毕。

（2）主元45左边的子列表的值小于45。

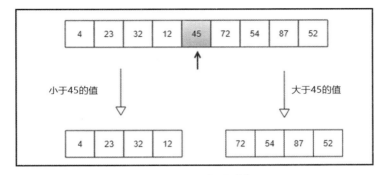

图 10-23 两个子列表

10.5.3 实现

分区步骤对于理解快速排序算法的实现非常重要，因此将首先检查分区的实现。
例如，下面的整数列表，使用分区函数对列表进行划分，如下：

```
[43,3,20,89,4,77]
```

代码如下：

```
def partition(unsorted_array, first_index, last_index):
    pivot = unsorted_array[first_index]
    pivot_index = first_index
    index_of_last_element = last_index
    less_than_pivot_index = index_of_last_element
greater_than_pivot_index = first_index + 1
    ...
```

分区函数接收需要分区数组的第一个和最后一个元素的索引作为其参数。

主元的值存储在 pivot 变量中，而它的索引存储在 pivot_index。这里，没有使用 unsorted_array[0] 作为数组第一个元素的索引，因为当使用数组的一个段调用 unsorted_array 形参时，索引 0 不一定指向该数组的第一个元素。主元的下一个元素的索引，即左指针 first_index + 1，标记了开始在数组中查找大于主元 greater_than_pivot_index = first_index + 1 的元素的位置。右指针 less_than_pivot_index 变量指向 less_than_pivot_index = index_of_last_element 列表中最后一个元素的位置，从这里开始查找小于主元的元素，代码如下：

```
while True:
    while unsorted_array[greater_than_pivot_index] <
    pivot and greater_than_pivot_index < last_index:
    greater_than_pivot_index += 1
    while unsorted_array[less_than_pivot_index] > pivot and
    less_than_pivot_index >= first_index: less_than_pivot_index -= 1
```

while 循环开始执行时，数组如图 10-24 所示。

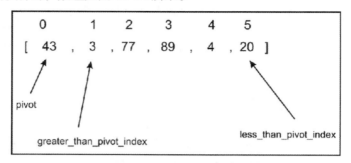

图 10-24　while循环执行时的数组

第一个内部 while 循环向右移动一个索引，直到到达索引 2，该索引处的值大于 43，因此，第一个 while 循环中断不再执行。在每次第一个 while 循环条件的测试中，只在 while 循环的测试条件为 True 时，才计算 greater_than_pivot_index += 1。这使得搜索一个元素（大于主元）持续到右侧的下一个元素为止。

第二个内部 while 循环，每次向左移动一个索引，直到到达索引 5，其值 20 小于 43，如图 10-25 所示。

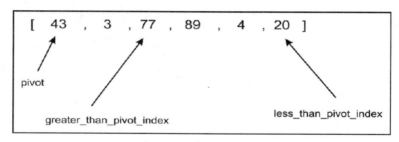

图 10-25　第二个内部while循环

此时，两个内部 while 循环都不能再执行了，代码如下：

```
if greater_than_pivot_index < less_than_pivot_index:
    temp = unsorted_array[greater_than_pivot_index]
        unsorted_array[greater_than_pivot_index] =
            unsorted_array[less_than_pivot_index]
        unsorted_array[less_than_pivot_index] = temp
else:
    break
```

因为 greater_than_pivot_index < less_than_pivot_index，所以 if 语句体交换这些索引处的元素。当 greater_than_pivot_index>less_than_pivot_index 时，else 条件终止无限循环。这种情况下，意味着 greater_than_pivot_index 和小于 less_than_pivot_index 的元素相互交叉。

现在的数组顺序如图 10-26 所示。

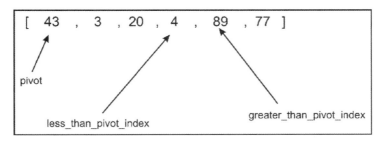

图 10-26　数组顺序

当 less_than_pivot_index 等于 3, greater_than_pivot_index=4 时，执行 break 语句。

一旦退出 while 循环，就把 unsorted_array[less_than_pivot_index] 与 less_than_pivot_index 相互交换，并作为主元索引返回，代码如下：

```
unsorted_array[pivot_index]=unsorted_array[less_than_pivot_index]
unsorted_array[less_than_pivot_index]=pivot
return less_than_pivot_index
```

图 10-27 显示了代码如何在分区过程的最后一步与 43 交换。

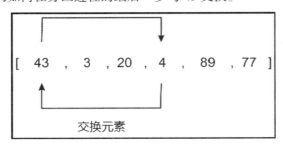

图 10-27　分区过程的最后一步

回顾一下，第一次调用 quick_sort 函数时，它是围绕索引为 0 的元素进行分区的。分区函数返回后，按 [4,3,20,43,89,77] 的顺序得到数组。可以看到，元素 43 右边的所有元素都比 43 大，而左边的元素都比 43 小，这样划分就完成了。

使用索引为 3 的分割点 43，将递归地对两个子数组 [4,30,20] 和 [89,77] 排序，与刚才经历的过程相同。

quick_sort 函数的函数体如下：

```
def quick_sort(unsorted_array, first, last):
    if last - first <= 0:
        return
    else:
        partition_point = partition(unsorted_array, first, last)
        quick_sort(unsorted_array, first, partition_point-1)
        quick_sort(unsorted_array, partition_point+1, last)
```

quick_sort 函数是一个非常简单的方法，只占用不超过 6 行代码，繁重的工作由分区函数来完成。当调用分区方法时，它返回分区点。在 unsorted_array 数组中，左边的所有元素都小于主元值，右边的所有元素都大于主元值。

在分区进程后输出 unsorted_array 的状态时，可以清楚地看到分区是如何发生的：

```
Out:
[43, 3, 20, 89, 4, 77]
[4, 3, 20, 43, 89, 77]
[3, 4, 20, 43, 89, 77]
[3, 4, 20, 43, 77, 89]
[3, 4, 20, 43, 77, 89]
```

后退一步，在第一个分区发生后对第一个子数组进行排序。

当 greater_than_pivot_index 在索引 2，less_than_pivot_index 在索引 1 时，[4,3,20] 子数组的分区将停止。在那一点上，就说这两个标记相互交叉了。因为 greater_than_pivot_index 大于 less_than_pivot_index，主元 4 将与主元 3 交换，while 循环将停止，索引 1 作为分区点返回。

在快速排序算法中，分区算法运行时间复杂度是 $O(n)$，快速排序算法采用分治法，耗时 $O(\log_2 n)$；因此，快速排序算法的总体平均运行时间复杂度是 $O(n) \cdot O(\log_2 n) = O(n \log_2 n)$。快速排序算法的最坏情况的运行时复杂度是 $O(n^2)$。例如，如果列表已经排序，那么如果分区选择最小的元素作为主元，就会出现最坏情况的复杂度。当最坏情况复杂度发生时，可以通过使用随机化快速排序来改进快速排序算法。与前面提到的其他排序算法相比，快速排序算法对于大量数据的排序来说，非常高效。

10.6　堆排序算法

在第 8 章中，实现了一个二叉堆数据结构，可以通过使用 sink( ) 和 arrange( ) 方法实现，将元素移除或添加到堆后，堆的顺序属性仍然得到维护。

堆数据结构可用于实现堆排序算法。

作为总结，创建一个简单的堆，包含以下项目：

```
h = Heap()
unsorted_list = [4, 8, 7, 2, 9, 10, 5, 1, 3, 6]
for i in unsorted_list:
    h.insert(i)
print("Unsorted list: {}".format(unsorted_list))
```

创建堆 h，并把 unsorted_list 的元素插入堆中。每次调用 insert 方法后，后续调用 float 方法时将恢复堆的顺序属性。循环结束后，元素 4 将位于堆的顶部。

假如堆中有 10 个元素，如果在 h 堆对象上调用 pop 方法 10 次，并存储实际弹出的元素，最终得到一个排序的列表。每次执行 pop 操作之后，都会重新调整堆以维护堆的顺序属性。

heap_sort 方法如下：

```
class Heap:
    ...
    def heap_sort(self):
        sorted_list = []
        for node in range(self.size):
            n = self.pop()
            sorted_list.append(n)
return sorted_list
```

for 循环简单地调用 pop 方法，共执行了 self.size 次。

现在，sorted_list 将在循环结束后包含一个已排序的项目列表。

与 arrange( ) 方法一起，insert 方法被调用了 n 次，insert 操作的最坏情况运行时间是 $O(n \log n)$，pop 方法也是如此，因此，这个排序算法的最坏情况运行时间也是 $O(n \log n)$。

表 10-1 对不同排序算法的复杂度进行了比较。

表 10-1 不同排序算法复杂度的比较

算 法	最坏情况	平均情况	最佳情况
冒泡排序	$O(n^2)$	$O(n^2)$	$O(n)$
插入排序	$O(n^2)$	$O(n^2)$	$O(n)$
选择排序	$O(n^2)$	$O(n^2)$	$O(n^2)$
快速排序	$O(n^2)$	$O(n \log_2 n)$	$O(n \log_2 n)$
堆排序	$O(n \log_2 n)$	$O(n \log_2 n)$	$O(n \log_2 n)$

10.7 小　结

本章中，探索了许多重要和流行的排序算法，它们对许多应用程序来说都非常有用。本章学习了冒泡排序、插入排序、选择排序、快速排序和堆排序算法，并讲解了它们在 Python 中的实现。快速排序的性能比其他排序算法要好得多。在介绍的所有算法中，快速排序保留了它排序的列表的索引。我们将在第 11 章介绍如何在选择算法时使用这个属性。

第 11 章将介绍与选择策略和算法相关的概念。

第11章 算法选择

在无序的项列表中，寻找元素的一组有效算法是选择算法。给定一个元素列表，使用选择算法找到列表中第 i 小的元素，在这个过程中，将回答一些与选择一组数字的中位数以及选择列表中第 i 个最小或最大的元素有关的问题。

本章目标：

- 排序选择。
- 随机选择。
- 确定性选择。

技术要求：

源代码在 GitHub 上的链接：https://github.com/PacktPublishing/Hands-On-Data-Structures-and-Algorithms-with-Python-Second-Edition/tree/master/Chapter11。

11.1 排序选择

列表中的项目可以进行统计查询，如找到平均值、中位数和模式值。查找平均值和模式值不需要对列表进行排序。然而，要找到数字列表中的中位数，首先必须对列表进行排序。找到中位数，要求找到有序列表的中间位置的元素。此外，它还可以用于查找列表中最大的元素或列表中最小的元素，在这种情况下，选择算法是有用的。

要在无序的项列表中找到第 i 个最小的数，获取该项所在位置的索引是很重要的。由于列表中的元素没有排序，所以很难知道列表中索引为 0 的元素是否确实是第一个最小的数。

在处理无序列表时，一个实用的做法是首先对列表进行排序。在对列表进行排序之后，位于索引 0 的元素，将保存列表中第一个最小的元素。同样，列表中的最后一个元素将保存列表中最大的元素。然而，在一个很长的元素列表上，应用排序算法来从列表中获取最小值或最大值并不是一个好的解决方案，因为排序是一个非常费时的操作。

是否有可能在不需要对列表进行排序的情况下找到第 i 小或大的元素？

11.2　随机选择

在第 10 章中，我们介绍了快速排序算法。快速排序算法允许对无序的项列表进行排序，但有一种方法可以在排序算法运行时保留元素的索引。一般来说，快速排序算法的步骤如下：

（1）选择一个主元。

（2）围绕主元对未排序列表进行分区。

（3）使用步骤（1）和步骤（2），递归地对分区列表的两部分进行排序。

一个有趣且重要的事实是，在每一个分区步骤之后，主元的索引不会改变，即使列表已经排序了。这意味着每次迭代后，所选的主元值将被放置在列表中的正确位置，依据这个性质，我们能够处理一个未完全排序的列表来获得第 i 个最小或最大的数字。因为随机选择是基于快速排序算法的，所以它通常被称为快速选择。

11.2.1　快速选择

快速选择算法用于获取无序项目列表中的第 k 个最小元素，并基于快速排序算法。在快速排序中，我们从主元对两个子列表的元素进行递归排序。在快速排序的每次迭代中，我们都知道主元值在列表中的正确位置有两个子列表（左和右子列表），它们的所有元素集都是无序的。

然而，在快速选择算法的情况下，只对具有第 k 小元素的子列表递归调用该函数，比较主元的索引和 k 值，从给定的无序列表中获得第 k 小的元素。快速选择算法会有以下三种情况：

（1）如果主元的索引小于 k，那么确定第 k 个最小的值将出现在主元的右子列表中。因此，只对右子列表递归地调用快速选择函数。

（2）如果主元的索引大于 k，那么第 k 个最小的元素将出现在主元左侧。所以，只递归地查找左子列表中的第 i 个元素。

（3）如果主元的索引等于 k，那就意味着已经找到了第 k 个最小的值，然后返回它。

通 过 一 个 例 子 来 理 解 快 速 选 择 算 法 是 如 何 工 作 的。例 如，一 个 包 含 元 素 [45,23,87,12,72,4,54,32,52] 的列表，想要找出这个列表中第三小的元素，可以使用快速排序算法来实现这一点。

从选择一个主元值开始，即 45。算法第一次迭代后，主元在列表中正确的位置，也就是说，在索引 4（索引从 0 开始）。现在，比较主元的索引（即索引 4）和 k 的值（即第三的位置，即索引 2）。因为这时 $k <$ 主元（即 $2 < 4$），只考虑了左子列表，并递归地调用这个函数。

现在，取左子列表并选择主元（即 4），被放置在正确的位置（即第 0 个索引）。由于主元的索引小于 k 的值，考虑右子列表。同样，将 23 作为主元，它也被放置在正确的位置上。现在，当比较主元的索引和 k 的值时，结果相等，这意味着找到了第三小的元素，它将被返回。

这个过程如图 11-1 所示。

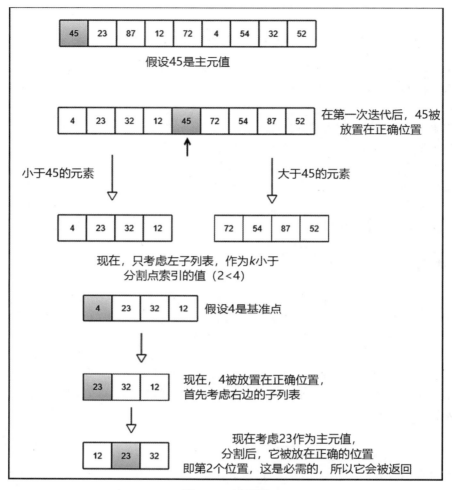

图11-1 过程图

要实现快速选择算法,需要了解 main 函数,其中有三个可能的条件。算法声明如下:

```
def quick_select(array_list, left, right, k):
    split = partition(array_list, left, right)
    if split == k:
        return array_list[split]
    elif split < k:
        return quick_select(array_list, split + 1, right, k)
    else:
        return quick_select(array_list, left, split-1, k)
```

quick_select 函数获取列表中第一个以及最后一个元素的索引作为参数。第 i 个元素由第三个参数 k 指定,k 的值应始终为正;大于或等于 0 的值仅允许在 k 为 0 时搜索列表中的第一个最小项。

其他的元素把 k 参数作为直接映射到用户正在搜索的索引，从而使第一个最小的数字映射到排序列表的 0 索引。

对分区函数 split = partition(array_list, left, right) 的方法调用返回分割索引。split 数组的此索引是无序列表中的位置，从 right 到 split−1 之间的所有元素都小于 split 数组中包含的元素，而从 split+1 到 left 之间的所有元素都大于 split 数组中包含的元素。

当 partition 函数返回 split 值时，我们将其与 k 进行比较，以确定 split 是否对应于第 k 项。

如果 split < k，则表示第 k 小的项应该存在或已经找到，且在 split+1 和右子列表之间，如图 11−2 所示。

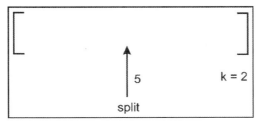

图 11-2 split < k 时

在前面的例子中，一个虚构的无序列表在索引 5 处发生了分割，而正在搜索第二个最小的数。因为 5<2 会产生错误，所以递归调用返回 quick_select(array_list, left, split−1, k)，以便搜索列表的另一半。如果 split 索引小于 k，则调用 quick_select，如图 11−3 所示。

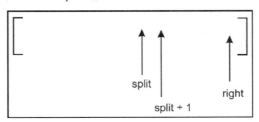

图 11-3 拆分索引小于 k 时

11.2.2 理解分区步骤

分区步骤类似于在快速排序算法中所做的。需要注意插入附页内容。

在函数定义的开头插入一个 if 语句来满足 first_index=last_index 的情况。在这种情况下，它意味着在子列表中只有一个元素。因此，只需返回任意函数形参如 first_index。

第一个元素总是被选为主元。将第一个元素作为主元的选择是随机的。它通常不会产生一个好的分割，随后也不会产生一个好的分区。然而，第 i 个元素最终会被找到，即使主元是随机选择的。

正如在第 10 章中所介绍的，partition 函数返回 less_than_pivot_index 所指向的主索引。代码如下：

```
def partition(unsorted_array, first_index, last_index):
    if first_index == last_index:
        return first_index
    pivot = unsorted_array[first_index]
    pivot_index = first_index
    index_of_last_element = last_index
    less_than_pivot_index = index_of_last_element
    greater_than_pivot_index = first_index + 1
    while True:
        while unsorted_array[greater_than_pivot_index] < pivot and
            greater_than_pivot_index < last_index:
            greater_than_pivot_index += 1
        while unsorted_array[less_than_pivot_index] > pivot and
            less_than_pivot_index >= first_index: less_than_pivot_index -= 1
        if greater_than_pivot_index < less_than_pivot_index:
            temp = unsorted_array[greater_than_pivot_index]
            unsorted_array[greater_than_pivot_index] =unsorted_array
            [less_than_pivot_index] unsorted_array[less_than_pivot_index] = temp
        else:
            break
    unsorted_array[pivot_index] =unsorted_array[less_than_pivot_index]
    unsorted_array[less_than_pivot_index] = pivot
    return less_than_pivot_index
```

11.3 确定性选择

　　随机选择算法的最坏性能是 $O(n^2)$，可以改进随机性选择算法的元素部分，通过确定性选择算法，来获得最坏情况为 $O(n)$ 的性能。

　　中位数的中位数是一种算法，它为我们提供了一个近似的中位数，也就是说，一个接近于给定的未排序元素列表的实际中位数的值。在快速选择算法中，这个近似的中值经常被用作从列表中选择第 i 个最小元素的主元。这是因为，中位数算法可以在线性时间内找到估计的中位数，当这个估计的中位数作为快速选择算法的主元时，最坏情况运行时间的复杂度从 $O(n^2)$ 提高到线性 $O(n)$。因此，中位数算法的中位数有助于快速选择算法，因为选择了一个好的主元而表现得更好。

　　确定算法选择第 i 个最小元素的一般方法如下：

　　（1）选择一个主元。

　　（2）将一个无序项列表拆分为每组 5 个元素。

　　（3）排序并找到所有组的中位数。

　　（4）递归地重复步骤（1）和步骤（2），以获得列表的真实中位数。

　　（5）使用真中位数来分割无序项列表。

（6）递归到分区列表中可能包含第 i 个最小元素的部分。

　　考虑一个包含 15 个元素的示例列表，如包含图 11-4 所示，以理解确定列表中第三小元素的确定性方法的工作原理。首先，需要划分每个包含 5 个元素的子列表，然后对子列表进行排序。对子列表进行排序后，就会找到子列表的中位数，也就是说，23、52 和 34 是这三个子列表的中位数。然后对这些中位数列表进行排序，来确定这个列表的中位数，即中位数的中位数，即 34。这个值是整个列表的估计中位数，用于为整个列表选择分区 / 主元。由于主元值的索引是 7，大于第 i 个值，递归地考虑左子列表。

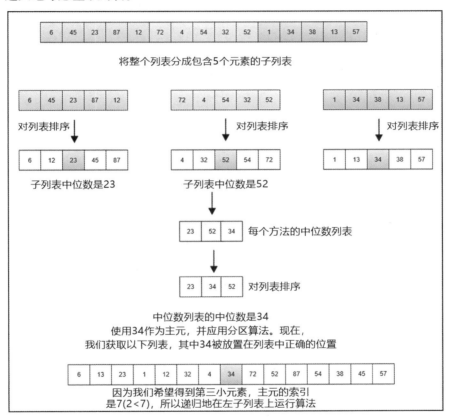

图 11-4　包含 15 个元素的示例列表

11.3.1　主元选择

　　为了实现确定列表中第 i 个最小值的确定性算法，首先实现主元选择方法。在前面的选择算法中，选择第一个元素作为主元。用一系列步骤来选择主元，能够得到近似的中值，可以改进列表中关于主元的分区，代码如下：

```
def partition(unsorted_array, first_index, last_index):
```

```
        if first_index == last_index:
            return first_index
        else:
            nearest_median =
            median_of_medians(unsorted_array[first_index:last_index])
        index_of_nearest_median =
            get_index_of_nearest_median(unsorted_array, first_index,
                                        last_index, nearest_median)
        swap(unsorted_array, first_index, index_of_nearest_median)
        pivot = unsorted_array[first_index]
        pivot_index = first_index
        index_of_last_element = last_index
        less_than_pivot_index = index_of_last_element
        greater_than_pivot_index = first_index + 1
```

nearest_median 变量存储给定列表的真值或近似的中位数，分区函数代码如下：

```
def partition(unsorted_array, first_index, last_index):
    if first_index == last_index:
        return first_index
    else:
        nearest_median =
        median_of_medians(unsorted_array[first_index:last_index])
    ...
```

如果 unsorted_array 参数只有一个元素，则 first_index 和 last_index 相等。因此，first_index 无论如何都会返回。

但是，如果列表 size 大于 1，则调用 median_of_medians 函数，使用数组的部分，以 first_index 和 last_index 为界，返回值再次存储在 nearest_median 中。

11.3.2　中间的中位数

median_of_medians 函数负责查找任意给定列表项的近似中位数。该函数使用递归返回真中位数，代码如下：

```
def median_of_medians(elems):
    sublists = [elems[j:j+5] for j in range(0, len(elems), 5)]
    medians = []
    for sublist in sublists:
        medians.append(sorted(sublist)[len(sublist)//2])
    if len(medians) <= 5:
        return sorted(medians)[len(medians)//2]
```

```
    else:
        return median_of_medians(medians)
```

该函数首先将列表 elems 分成 5 个元素一组。例如，elems 包含 100 个元素，则将创建 20 个组。

对于 sublists = [elems[j:j+5] for j in range(0, len(elems), 5)]，每个元素只包含 5 个或更少的元素，代码如下：

```
medians = []
    for sublist in sublists:
        medians.append(sorted(sublist)[len(sublist)/2])
```

创建一个空数组，并将其分配给中位数，存储在子列表的五个元素数组中。

for 循环遍历 sublists 中的子列表。对每个子列表进行排序，找到中间值，并存储在中间值列表中。

medians.append(sorted(sublist)[len(sublist)//2]) 语句将对列表进行排序，并获取存储在中间索引中的元素，这将成为含有 5 个元素列表的中位数，使用现有的排序函数不会因为列表小而影响算法的性能。

 我们从一开始就知道，不会为了找到第 i 小的元素而对列表排序，那么为什么要使用 Python 的排序方法呢？因为对一个包含 5 个或更少元素的非常小的列表进行排序时，这个操作对算法的整体性能的影响是可以忽略的。

此后，如果列表包含 5 个或更少的元素，则对中位数列表进行排序，并返回位于中间索引的元素，方法如下：

```
if len(medians) <= 5:
    return sorted(medians)[len(medians)/2]
```

另一方面，如果列表的大小大于 5，则递归调用 median_of_medians 函数，将存储在其中的中位数列表提供给它的中位数。

为更好地理解中位数算法的概念，以另一个例子为例，下面列出几个数字：

[2, 3, 5, 4, 1, 12, 11, 13, 16, 7, 8, 6, 10, 9, 17, 15, 19, 20, 18, 23, 21, 22, 25, 24, 14]

可以把这个列表分成五个元素组，每个元素的子列表的代码语句为 sublists=[elems[j:j+5] for j in range(0, len(elems), 5)] 以获取以下列表：

([2, 3, 5, 4, 1], [12, 11, 13, 16, 7], [8, 6, 10, 9, 17], [18, 15, 19, 20, 23], [14, 21, 22, 25, 24])

对这些列表进行排序，并获取它们的中位数，生成以下列表：

[3, 12, 9, 19, 22]

因为列表的大小是 5 个元素，所以只返回已排序列表的中位数；否则，将再次调用 median_of_median 函数。

中位数算法也可以用于在快速排序算法中选择一个主元，来对元素列表进行排序，这大大提高了快速排序算法的最差情况下的性能，从 $O(n^2)$ 提高到 $O(n \log_2 n)$。

11.3.3 分区的步骤

既然已经得到了近似的中位数，那么 get_index_of_nearest_median 函数接收由第一个和最后一个形参指示的列表边界，代码如下：

```
def get_index_of_nearest_median(array_list, first, second, median):
    if first == second:
        return first
    else:
        return first + array_list[first:second].index(median)
```

同样，只有当列表中只有一个元素时才返回第一个索引。然而，arraylist[first:second] 返回一个索引值为 0 到列表大小为 list −1 的数组。当找到中位数的索引时，由于 [first:second] 代码返回了新的范围索引，就失去了它在列表中出现的部分。因此，必须将 arraylist[first:second] 返回的索引值添加到 first，以获得中位数所在位置的真正索引值，代码如下：

```
swap(unsorted_array, first_index, index_of_nearest_median)
```

然后，使用 swap 函数将 unsorted_array 中的第一个元素与 index_of_nearest_median 交换。交换两个数组元素的实用函数如下：

```
def swap(array_list, first, second):
    temp = array_list[first]
    array_list[first] = array_list[second]
    array_list[second] = temp
```

我们的近似中位数，现在存储在未排序列表的 first_index 中。

分区函数将继续，就像它在快速选择算法的代码中一样。在分区步骤之后，数组如图 11-5 所示。

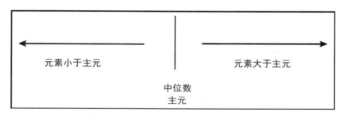

图 11-5　分区步骤后的数组

```
def deterministic_select(array_list, left, right, k):
    split = partition(array_list, left, right)
    if split == k:
        return array_list[split]
    elif split < k :
        return deterministic_select(array_list, split + 1, right, k)
```

```
        else:
            return deterministic_select(array_list, left, split-1, k)
```

可以看到，确定性选择算法的主要功能看起来与随机选择算法的对应功能完全相同，在将初始 array_list 划分为近似的中位数之后，与第 k 个元素进行比较。如果 split 小于 k，则递归调用 deterministic_select(array_list, split + 1, right, k)，它将在数组的这一半中寻找第 k 个元素。否则，将调用 deterministic_select(array_list, left, split−1, k) 函数。

11.4　小　结

这一章中，我们介绍了各种方法来找到列表中第 i 小的元素。探索了简单地对列表进行排序，来执行寻找第 i 个最小元素的解决方案。

也有可能在确定第 i 个最小的元素之前，并不需要对列表进行排序。随机选择算法允许修改快速排序算法来确定第 i 个最小的元素。

为了进一步改进随机选择算法，在分割时能够找到一个好的分割，开始寻找中位数的中位数，这样可以得到 $O(n)$ 的时间复杂度。

在第 12 章，将探索字符的世界，学习如何有效地存储和操作大量的文本、数据结构和常见的字符串操作等。

第12章　字符串算法和技术

根据所要解决的问题，有许多流行的字符串处理算法可用。最重要、最流行和最有用的字符串处理问题之一是从给定的文本中找到给定的子字符串或模式。它有多种用途，如从文本文档中搜索元素、剽窃检测等。

本章将讲述标准的字符串处理或模式匹配算法，以便在某些给定文本中的位置找出给定模式或子字符串。还将介绍暴力算法，以及 Rabin-Karp、Knuth-Morris-Pratt（KMP）和 Boyer-Moore 模式匹配算法。我们还将介绍与字符串相关的一些基本概念和算法，包括一个简单例子和实现。

本章目标：

- 学习 Python 中字符串的基本概念。
- 学习模式匹配算法及其实现。
- Rabin-Karp 模式匹配算法的理解与实现。
- 理解与实现 Knuth-Morris-Pratt（KMP）算法。
- 理解与实现 Boyer-Moore 模式匹配算法。

技术要求：

基于本章介绍的概念和算法的源代码在 GitHub 上的链接：https:// github.com/PacktPublishing/Hands-On-Data-Structures-and-Algorithms-with-Python-Second-Edition/tree/master/Chapter12。

12.1　字符串符号和概念

字符串基本上是对象序列，以字符序列为主。与其他数据类型（如 int 或 float）一样，其数据和操作都需要存储后才能应用，Python 提供了一组丰富的操作和函数，可以应用于字符串数据类型的数据。在第 1 章中有关于在 Python 3.7 中字符串的操作和函数的详细描述。

字符串主要是文本数据，处理效率高。例如，packt publishing 是一个字符串。子字符串则是给定字符串的一部分的字符序列。例如，packt 是字符串是 packt publishing 的子字符串。

子序列是一个字符序列，它可以从给定的字符串中删除一些字符，并保持字符的顺序。例如，pct pblishing 是字符串 packt publishing 的有效子序列，它是通过删除字符 a、k 和 u 获得的。但是，它不是子字符串。子序列与子字符串不同，可以被认为是子字符串的泛化。

字符串 s 的前缀在字符串的开头，是 s 的子字符串。还有另一个字符串 u，它存在于前缀后的字符串 s 中。例如，子字符串 pack 是 string (s) ="packt publishing" 的前缀，因为它在子字符串前部，后面还有另一个子字符串。

后缀（d）是一个出现在字符串末尾的子字符串，这样在子字符串 d 之前就存在另一个非空的子字符串。例如，子字符串 shing 是字符串 packt publishing 的后缀。Python 有内置函数来检查字符串是否有给定的前缀或后缀，代码片段如下：

```
string = "this is data structures book by packt publisher";
suffix = "publisher";
prefix = "this";
print(string.endswith(suffix))          # 检查字符串是否包含给定的后缀
print(string.startswith(prefix))        # 检查字符串是否以给定前缀开头
# 输出
>>True
>>True
```

模式匹配算法是最重要的字符串处理算法，后续章节中会介绍这部分内容。

12.2　模式匹配算法

模式匹配算法用于确定给定模式 string P 在文本 string T 中匹配的索引位置。如果模式在文本字符串中不匹配，则返回 pattern not found。例如，对于给定的字符串 s = " packt publisher " 和模式 p= "publisher"，模式匹配算法返回在文本字符串中匹配模式的索引位置。

在本节中介绍四种模式匹配算法，即蛮力算法（brute-force）、Rabin-Karp 算法、Knuth-Morris-Pratt（KMP）算法和 Boyer-Moore 模式匹配算法。

12.2.1　蛮力算法

蛮力算法是一种简单的模式匹配算法，是非常基本的方法，只需测试给定字符串中输入模式的所有可能组合，以找到模式出现的位置。这种算法非常简单，不适合很长的文本。

首先，逐个比较模式的字符和文本字符串，如果模式的所有字符都与文本匹配，则返回存储模式第一个字符文本的索引位置。如果模式中的字符与文本字符串都不匹配，则将模式移动一个索引位置，继续比较模式和文本字符串。

为了更好地理解蛮力算法是如何工作的，看一个例子。假设有一个文本 string T= acbcabccababcaacbcac，模式 string P = acbcac。模式匹配算法的目标是确定模式字符串在给定文本 T 中的索引位置，如图 12-1 所示。

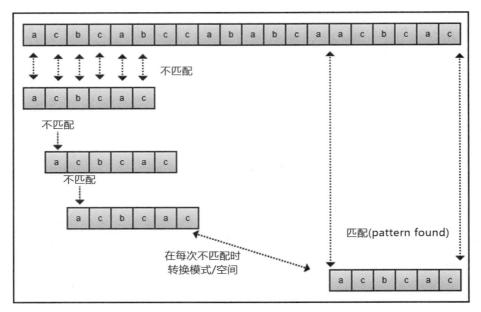

图12-1　模式匹配算法逻辑图

　　首先将文本的第一个字符（a）和模式的字符比较。这里，与模式的开头五个字符相匹配，与模式的最后一个字符不匹配。由于不匹配，进一步改变了一个位置的模式。依次比较模式的第一个字符和文本字符串的第二个字符。在这里，文本字符串中的字符 c 与模式中的字符 a 不匹配。由于它是不匹配的，将模式移动了一个空间，如图 12-1 所示。继续比较模式和文本字符串的字符，直到遍历整个文本字符串为止。例子中，在索引位置 14 匹配了，箭头指向 aa。

　　这里，Python 中模式匹配的蛮力算法的实现如下：

```
def brute_force(text, pattern):
    l1 = len(text)                    # 文本字符串的长度
    l2 = len(pattern)                 # 模式的长度 i=0
    j = 0                             # 循环变量设置为 0
    flag = False
# 如果模式根本没有出现，则设置 false，并执行最后一个 if 语句
    while i < l1:                     # 从文本的第 0 个索引进行迭代
        j = 0
        count = 0
        #count 存储模式和文本匹配的最大长度
        while j < l2:
            if i+j < l1 and text[i+j] == pattern[j]:
                # 用于检查是否出现匹配的语句
count += 1                            # 如果字符匹配，则 count 将递增
```

```
                    j += 1
        if count == 12:
# 显示了文本中的模式匹配
                print("\nPattern occours at index", i)
                # 输出成功匹配的起始索引
                flag = True
        # 标志是真的，因为我们希望继续在文本中寻找更多匹配的模式
                i += 1
        if not flag:
          # 如果模式完全不匹配，则表示文本字符串中的模式不匹配
            print('\nPattern is not at all present in the array')
brute_force('acbcabccababcaacbcac','acbcac')          # 函数调用
# 输出
# 模式出现在索引 14 处
```

蛮力算法代码中，首先计算给定文本字符串和模式的长度。循环变量初始化为 0，并将标志设置为 False，这个变量用于继续搜索字符串中的模式匹配。如果在文本字符串结束时标志为 False，则意味着在文本字符串中没有相匹配的模式。

接下来，开始从索引 0 到文本字符串末尾的搜索循环。循环中的 count 变量用于跟踪字符匹配长度。

然后进行另一个嵌套循环，从索引 0 运行到模式的长度。这里，变量 i 跟踪文本字符串中的索引位置，变量 j 跟踪模式中的字符。下面的代码片段是字符和文本字符串的比较模式：

```
if i+j<l1 and text[i+j] == pattern[j]:
```

此外，在文本字符串中，模式字符的每次匹配之后增加 count 变量。然后，继续匹配模式和文本字符串的字符，如果模式的长度与 count 变量相等，则表示匹配。

如果文本字符串中有模式匹配，则输出文本字符串的索引位置，并将 flag 变量保持为 True，因为希望继续搜索文本字符串中模式的更多匹配。最后，如果变量标志的值为 False，则意味着文本字符串中没有匹配的模式。

比较模式匹配算法的最佳情况和最差情况时间复杂度分别是 $O(n)$ 和 $O(m(n-m+1))$。最佳的情况是在文本中没有找到模式，并且模式的第一个字符根本不存在于文本中。例如，文本字符串是 ABAACEBCCDAAEE，而模式是 FAA，由于模式的第一个字符在文本中不匹配，它的比较将等于文本的长度（n）。

最坏情况发生在文本字符串和模式的所有字符都相同的情况下。例如，文本字符串是 AAAAAAAAAAAAAAA，模式是 AAAA；另一种最坏的情况发生在只有最后一个字符不同的情况下，例如，文本字符串是 AAAAAAAAAAAAAAF，模式是 AAAAF。因此，最坏情况的时间复杂度是 $O(m(n-m+1))$。

12.2.2 Rabin-Karp 算法

Rabin-Karp 模式匹配算法是蛮力算法的改进版本，用于在文本字符串中查找给定模式的位置。Rabin-Karp 算法的性能在稀疏哈希表条件下得到了改善。第 7 章中详细描述了哈希，哈希函数返回给定字符串的唯一数值。

这个算法比蛮力算法快，因为它避免了不必要的逐个字符的比较。相反，模式的哈希值会同时与文本字符串的子字符串的哈希值进行比较。如果没有匹配的哈希值，模式将移动一个位置，因此不需要逐个比较模式的所有字符。

该算法基于这样一个概念：如果两个字符串的哈希值相等，则假定这两个字符串也相等。这种算法的主要问题是，可能有两个哈希值相等的不同字符串。在这种情况下，算法失效，称为伪命中。为了避免这个问题，在匹配了模式和子字符串的哈希值之后，通过逐个比较字符来确保模式确实是匹配的。

Rabin-Karp 模式匹配算法的工作过程如下：

（1）开始搜索前，对模式进行预处理，也就是说，计算长度为 m 的模式的哈希值以及长度为 n 的文本的所有可能的子字符串的哈希值。因此，可能的子字符串的总数将是 $(n-m+1)$。这里，n 是文本的长度。

（2）将模式的哈希值与文本子字符串的哈希值逐一比较。

（3）如果哈希值不匹配，则将模式移动一个位置。

（4）如果模式的哈希值和文本的子字符串的哈希值匹配，就对模式和子字符串的字符逐个进行比较，以确保在文本中确实找到了模式。

（5）重复步骤（2）~（4），直到到达给定文本字符串的末尾。

该算法中，可以使用霍纳规则或任何其他哈希函数来计算数值的哈希值，该哈希函数返回给定字符串的唯一值，也可以使用字符串中所有字符的序数值之和来计算哈希值。

举一个例子来说明 Rabin-Karp 算法。假设有一个文本字符串 T="publisher paakt pack"，模式 P="packt"。首先，计算模式（长度为 m）和文本字符串的所有子字符串（长度为 n）的哈希值。

我们开始比较模式 packt 和第一个子字符串 publi 的哈希值。

由于哈希值不匹配，将模式移动了一个位置，再一次将模式的哈希值与文本的下一个子字符串 ublis 的哈希值进行比较。由于这些哈希值也不匹配，再次将模式移动一个位置，继续进行比较。

此外，如果模式的哈希值和子字符串的哈希值匹配，则逐个字符比较模式和子字符串，并返回文本字符串的位置。本例中，这些值在位置 17 匹配。注意，可能有一个不同的字符串，其哈希值与模式的哈希值匹配，这种情况被称为伪命中，这是由于哈希中的冲突。Rabin-Karp 算法的工作过程如图 12-2 所示。

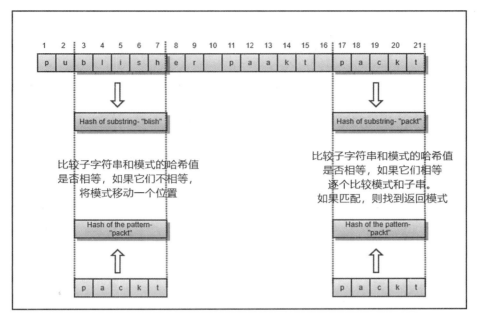

图 12-2　Rabin-Karp算法的工作过程

Rabin-Karp 算法的实现

实现 Rabin-Karp 算法的第一步是选择哈希函数，字符串中所有序数值之和作为哈希函数。

首先存储文本和模式的所有字符的序数值。接下来，将文本和模式的长度存储在 len_text 和 len_pattern 变量中，并将模式中所有字符的序数值之和作为模式的哈希值。

接下来，我们创建一个名为 len_hash_array 的变量，该变量使用 len_text – len_pattern+1 存储长度（等于模式长度）的可能子字符串的总数，创建一个名为 hash_text 的数组，该数组存储所有可能的子字符串的哈希值。

接下来，开始一个循环，它将为文本的所有可能的子字符串运行。最初，通过使用 sum(ord_text[:len_pattern]) 对第一个子字符串的所有字符的序数值求和来计算第一个子字符串的哈希值。此外，所有子字符串的哈希值是使用其先前子字符串 ((hash_text[i-1] – ord_text[i-1]) + ord_text[i+len_pattern-1]) 的哈希值来计算的。

计算哈希值的完整 Python 实现如下：

```
def generate_hash(text, pattern):
    ord_text = [ord(i) for i in text]
                        # 在文本中存储每个字符的 unicode 值
    ord_pattern=[ord(j) for j in pattern]
                # 存储模式中每个字符的 unicode 值
    len_text = len(text)                        # 存储文本的长度
    len_pattern = len(pattern)                  # 存储模式的长度
    hash_pattern = sum(ord_pattern)
```

210 ||| Python数据结构和算法实战（第2版）

```
    len_hash_array = len_text - len_pattern + 1
        # 存储将包含文本哈希值的新数组的长度
    hash_text = [0]*(len_hash_array)
    # 将数组（0, len_hash_array）中的所有值初始化为 0
    for i in rangelo, len_hash_array:
    if i == 0:
        hash_text[i] = sum(ord_text[:len_pattern])
                                        # 初始哈希函数
    else:
        hash_text[i] = ((hash_text[i-1] - ord_text[i-1]) +
            ord_text[i+len_pattern-1])
                                        # 使用上一个值计算下一个哈希值
    return [hash_text, hash_pattern]        # 返回哈希值
```

在对模式和文本进行预处理之后，预先计算出了用于比较模式和文本的哈希值。

Rabin-Karp 算法的实现：首先，将给定的文本和模式转换为字符串格式，因为只能为字符串计算序数值。然后，调用 generate_hash 函数来计算哈希值。将文本和模式的长度存储在 len_text 和 len_pattern 变量中，flag 变量初始化为 False，以跟踪模式是否至少在文本中出现过一次。

接下来，启动一个循环，实现算法的主要概念。这个循环将运行 hash_text 的长度，这是可能的子字符串的总数。首先，使用 if hash_text[i] == hash_pattern 来比较子字符串的第一个哈希值和模式的哈希值，若不匹配，不做任何操作。然后寻找另一个子字符串；如果匹配，则使用 if pattern[j] == text[i+j] 在循环中逐个字符地比较子字符串和模式。

然后，创建一个 count 变量来跟踪模式和子字符串中匹配的字符数。如果计数的长度和模式的长度相等，这意味着所有字符都匹配，并且将返回找到模式的索引位置。最后，如果 flag 变量保持 False，这意味着文本中的模式完全不匹配。

Rabin-Karp 算法的完整 Python 实现如下：

```
def Rabin_Karp_Matcher(text, pattern):
    text = str(text)                        # 将文本转换为字符串格式
    pattern = str(pattern)                  # 将模式转换为字符串格式
    hash_text, hash_pattern = generate_hash(text, pattern)
                                        # 使用 generate_hash 函数生成哈希值
    len_text = len(text)                    # 文本长度
    len_pattern = len(pattern)              # 模式长度
    flag = False                            # 检查模式是否至少存在一次或根本不存在
    for i in range(len(hash_text)):
        if hash_text[i] == hash_pattern:        # 如果哈希值匹配
            count = 0
            for j in range(len_pattern):
                if pattern[j] == text[i+j]:
                    # 逐个字符比较模式和子字符串
                    count += 1
```

```
        else:
            break
    if count == len_pattern:            # 在文本中可以找到模式
        flag = True                     # 相应地更新标志
        print("Pattern occours at index", i)
    if not flag:                        # 模式一次也不匹配
        print("Pattern is not at all present in the text")
```

Rabin-Karp 模式匹配算法在搜索之前对模式进行预处理，即计算复杂度是 $O(m)$ 的模式的哈希值。Rabin-Karp 算法的最坏情况运行时间复杂度是 $O(m(n-m+1))$。

最坏情况是，该模式在文本中没有出现。当模式至少出现一次时，就会出现平均情况。

12.2.3　Knuth–Morris–Pratt 算法

Knuth–Morris–Pratt（KMP）算法是一种模式匹配算法，它基于预先计算的前缀函数，该函数存储模式中重叠文本部分的信息。KMP 算法利用前缀函数对该模式进行预处理，预估模式应该移动多少，以避免在使用前缀函数时进行不必要的比较。KMP 算法是高效的，因为它最小化了模式与文本字符串相关的比较。

KMP 算法的原理如图 12-3 所示。

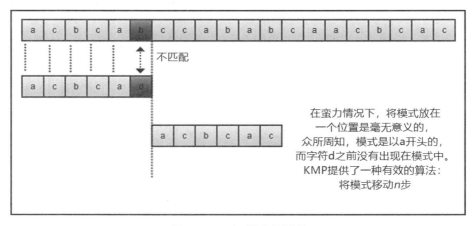

图 12-3　KMP算法的原理

1. 前缀函数

前缀函数（也称为失败函数）在模式本身中查找，试图找出当出现不匹配的情况时，由于模式本身的重复，可以重用多少先前的比较，它的值既是最长的前缀，也是后缀。

例如，如果有一个用于所有字符都不同的模式的前缀函数，那么该前缀函数的值将为 0，这意味着如果发现任何不匹配的情况，则模式将按模式中的字符数进行移位。这意味着模式中没有重叠，并且不会重用以前的比较。首先比较模式的第一个字符与文本字符串（如果它只包含不同的字符）。考虑下面的例子：模式 abcde 包含所有不同的字符，因此它将被转移到模式中的字符数，将开始比较模式的第一个字符与文本字符串的下一个字符，如图 12-4 所示。

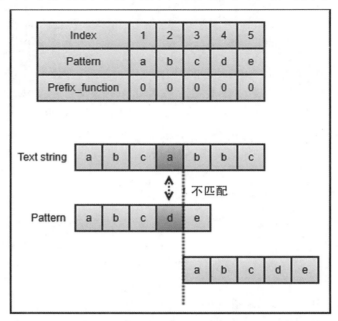

图12-4　比较模式逻辑图

考虑另一个例子，以便更好地理解前缀函数如何工作于模式 abcabbcab 的，如图 12-5 所示。

Index	1	2	3	4	5	6	7	8	9
Pattern	a	b	c	a	b	b	c	a	b
Prefix_function	0	0	0						

图12-5　前缀函数工作模式

图 12-5 中，从索引 1 开始计算前缀函数的值，如果没有重复字符，则赋值为 0。在前面的例子中，将索引 1 到 3 的前缀函数赋值为 0。接下来，在索引 4，可以看到有一个字符 a，它是模式本身的第一个字符的重复，所以在这里赋值为 1，如图 12-6 所示。

Index	1	2	3	4	5	6	7	8	9
Pattern	a	b	c	a	b	b	c	a	b
Prefix_function	0	0	0	1					

图12-6　字符a赋值为1

接下来，看看索引 5 的字符。它有最长的后缀模式 ab，因此它的值为 2，如图 12-7 所示。

Index	1	2	3	4	5	6	7	8	9
Pattern	a	b	c	a	b	b	c	a	b
Prefix_function	0	0	0	1	2				

图 12-7　后缀模式 ab 的值为 2

类似地，看下一个索引 6，这里的字符是 b，这个字符没有模式中的最长后缀，所以它的值是 0。索引 7 赋值为 0。然后，查看索引 8，并赋值 1，因为它有长度为 1 的最长后缀。最后，在索引 9 处，有最长的后缀 2，如图 12-8 所示。

Index	1	2	3	4	5	6	7	8	9
Pattern	a	b	c	a	b	b	c	a	b
Prefix_function	0	0	0	1	2	0	0	1	2

图 12-8　索引位置 9 处的后缀 2

prefix 函数的值显示了如果不匹配，字符串的开头部分可以重用多少。例如，如果在索引 5 处比较失败，则前缀函数值为 2，这意味着不需要比较两个起始字符。

2. 理解 KMP 算法

KMP 算法用于模式本身中有重叠的模式，从而避免不必要的比较。KMP 算法的主要思想是根据模式中的重叠部分来检测模式应该移动多少。算法工作原理如下：

（1）预先计算给定模式的前缀函数，并初始化一个计数器 q，它表示匹配的字符数。

（2）比较模式的第一个字符与文本字符串的第一个字符，如果匹配，则增加模式的计数器 q 和文本字符串的计数器，并比较下一个字符。

（3）如果不匹配，则将预计算的 q 前缀函数的值赋给 q 的索引值。

（4）继续在文本字符串中搜索模式，如果没有找到任何匹配，到达文本的末尾结束。如果模式中的所有字符都在文本字符串中匹配，则返回模式在文本中匹配的位置，并继续搜索另一个匹配。

举一个例子来说明这一点，给定模式的前缀函数如图 12-9 所示。

Index	1	2	3	4	5	6
Pattern	a	c	a	c	a	c
Prefix_function	0	0	1	2	1	2

图 12-9　给定模式的前缀函数

现在，开始比较模式的第一个字符与文本字符串的第一个字符，重复比较，直到匹配为止。例如，在图 12-10 中，首先比较文本字符串中的字符 a 与模式中的字符 a，若匹配，继续比较，直到找到不匹配的，或者已经比较了整个模式。这里，在索引 6 发现了不匹配，所以移动模式。

通过使用前缀函数，我们找到了该模式应该发生的移位数。这是因为 prefix 函数在不匹配位置的值为 2（也就是说，prefix_function(6) 是 2），所以我们从模式的索引 2 开始比较模式。由于 KMP 算法的高效性，我们不需要比较索引 1 位置的字符，而是比较模式的字符 c 和文本的字符 b。由于这些不匹配，我们将模式移动 1 个位置，如图 12-10 所示。

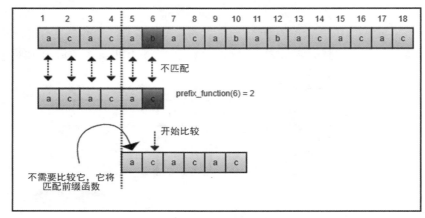

图 12-10　不匹配后移动 1 个位置

接下来，比较的字符是 b 和 a，它们不匹配，所以将模式移动 1 个位置。接下来，我们比较模式和文本字符串，发现字符 b 和 c 在索引 10 处不匹配。在这里，使用预先计算的前缀函数来移动模式，因为 prefix_function(4) 是 2，所以将模式移动 2 个位置，如图 12-11 所示。

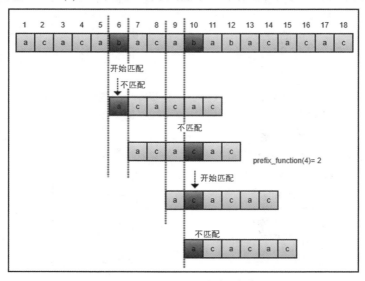

图 12-11　不匹配后移动 1 个位置

之后，因为字符 b 和 c 之间不匹配，所以我们将模式移动 1 个位置。接下来，比较文本中索引 11 处的字符，然后继续，直到发现不匹配为止，发现字符 b 和 c 之间不匹配。当 prefix_function(2) 为 0 时，移动模式并将其移动到模式的索引 0 处，重复同样的过程直到到达字符串的末尾，在文本字符串的索引 13 处找到文本字符串中匹配的模式，如图 12-12 所示。

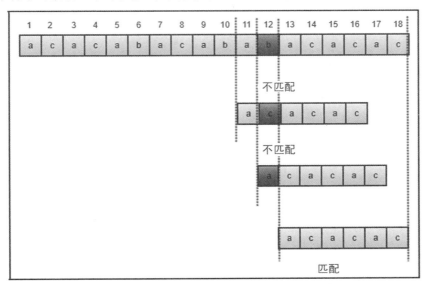

图 12-12　在索引 13 处找到匹配的模式

KMP 算法有两个阶段：第一阶段，预处理阶段，即计算前缀函数，空间和时间复杂度是 $O(m)$；第二阶段，搜索 KMP 算法的时间复杂度是 $O(n)$。下面介绍如何使用 Python 实现 KMP 算法。

3. 实现 KMP 算法

这里讲解 KMP 算法的 Python 实现。首先为给定的模式实现前缀函数，使用 len() 函数计算模式的长度，然后通过前缀函数初始化一个列表来存储计算的值。

接下来，开始执行从 2 到模式长度的循环搜索。这是一个嵌套循环，直到处理了整个模式为止。变量 k 是模式第一个元素的前缀函数，初始化为 0，如果模式的第 k 个元素等于第 q 个元素，那么把 k 的值加 1。

k 的值是由前缀函数计算的，所以把它分配在模式 q 的索引位置。最后，返回前缀函数的列表，是模式中每个字符的计算值。前缀函数的代码如下：

```
def pfun(pattern):                          # 函数为给定模式生成前缀函数
    n = len(pattern)                        # 模式的长度
    prefix_fun = [0]*(n)                     # 将列表的所有元素初始化为 0
    k=0
    for q in range(2,n):
        while k>0 and pattern[k+1] != pattern[q]:
            k = prefix_fun[k]
```

```
            if pattern[k+1] == pattern[q]:      # 如果模式的第 k 个元素等于第 q 个元素
                k += 1                           # 相应地更新 k
            prefix_fun[q] = k
    return prefix_fun                            # 返回前缀函数
```

前缀函数创建之后，就实现了主要的 KMP 匹配算法。首先，计算文本字符串和模式的长度，分别存储在变量 m 和 n 中。代码如下：

```
def KMP_Matcher(text,pattern):
    m = len(text)
    n = len(pattern)
    flag = False
    text = '-' + text                            # 附加字符，使其成为基于 1 的索引
    pattern = '-' + pattern                      # 还将虚拟字符附加到模式
    prefix_fun = pfun(pattern)                   # 为模式 q=0 生成前缀函数
    for i in range(1,m+1):
        while q>0 and pattern[q+1] != text[i]:
                                                 # 当模式和文字不相等且 q>0 时，q 减 1
            q = prefix_fun[q]
        if pattern[q+1] == text[i]:              # 如果模式和文字相等，则更新 q 值
            q += 1
        if q == n:                               # 如果 q 等于模式的长度，则表示已找到模式
            print("Pattern occours with shift",i-n)
# 第一个匹配出现的位置，输出索引
            flag = True
            q = prefix_fun[q]
    if not flag:
            print('\nNo match found')
KMP_Matcher('aabaacaadaabaaba','abaac')         # 函数调用
```

12.2.4 Boyer–Moore 算法

正如已经介绍过的，字符串模式匹配算法的主要目标是尽量避免不必要的比较。

Boyer–Moore 是另一个模式匹配算法（除了 KMP 算法），它通过使用一些方法跳过一些比较来进一步提高模式匹配的性能。要使用 Boyer–Moore 算法，需要了解以下要点：

（1）算法中，从左到右移动图案的方向，类似于 KMP 算法。

（2）从右到左比较模式和文本字符串的字符，这与 KMP 算法相反。

（3）利用好后缀和坏字符移位的概念，可以避免不必要的比较。

1. 理解 Boyer-Moore 算法

Boyer-Moore 算法从右到左比较模式和文本。通过预处理，使用模式中各种可能对齐的信息。该算法的主要思想是将模式的结束字符与文本进行比较。如果它们不匹配，则该模式可以进一步移动。如果最后两个字符不匹配，则不需要进行进一步的比较。此外，在这个算法中，还可以看到模式的哪一部分已经匹配（带有匹配的后缀），从而利用这个信息来跳过不必要的比较，对齐文本和模式。

当发现不匹配时，Boyer-Moore 算法有两个启发式方法来确定模式可能的最大位移：

● 坏字符启发式。
● 好后缀启发式。

出现不匹配时，每一个启发式都暗示了可能的变化，而 Boyer-Moore 算法通过考虑坏字符和好后缀启发式可能产生的最大变化来移动模式。下面将通过示例详细解释坏字符和好后缀启发式。

2. 坏字符启发式

Boyer-Moore 算法从右到左比较模式和文本字符串。它使用坏字符启发式来移动模式。根据坏字符移位的概念，如果模式的字符与文本的字符不匹配，则检查不匹配的文本字符是否出现在模式中。如果这个不匹配的字符（也称为坏字符）没有出现在模式中，那么模式将移到这个字符的旁边，如果这个字符出现在模式中的某个地方，则移动模式，使该字符与文本字符串中坏字符的出现处对齐。

通过一个例子来理解这个概念。考虑一个文本字符串 T 和模式 = {acacac}。首先，比较从右到左的字符，即文本字符串中的字符 b 和模式中的字符 c，发现它们不匹配，所以在模式中寻找文本字符串中不匹配的字符，即 b。由于字符 b 没有出现在模式中，因此将模式移到不匹配的字符旁边，如图 12-13 所示。

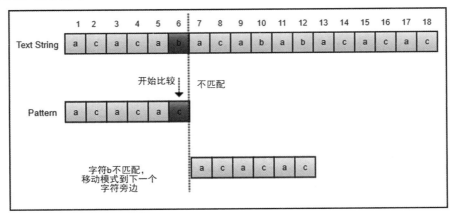

图 12-13 字符b没有出现在模式中时

再来看另一个例子。首先，从右到左比较文本字符串和模式的字符，发现文本的字符 d 与模式的字符 c 不匹配，但后缀 ac 是匹配的，而不匹配的字符 d 也没有出现在模式中。因此，将模式转换为不匹配的字符，如图 12-14 所示。

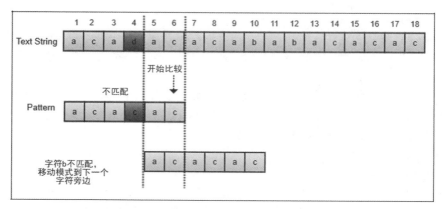

图12-14　将模式转换为不匹配字符

考虑另一个坏字符启发式的例子。在图 12-15 中，后缀 ac 是匹配的，但下一个字符 a 和 c 不匹配，因此搜索模式中出现不匹配的字符 a，它在模式中出现了两次，所以有两个选择来对齐不匹配的字符，如图 12-15 所示。这种情况下，有多个选择来移动图案，尽量选择最小的移动量，以避免任何可能的匹配。如果在模式中只出现一次不匹配的字符，则可以很容易地将模式进行移位，使不匹配的字符对齐。

可以看出，第一种移位方式更优。

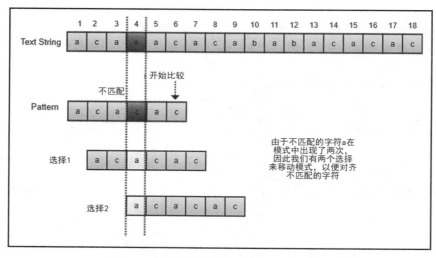

图12-15　有两个选择来对齐不匹配的字符

3. 好后缀启发式

坏字符启发式并不总是提供好的信息。Boyer-Moore 算法也使用了好后缀启发式，将模式转移到文本字符串上，以找出匹配模式的位置。

好后缀启发式基于匹配的后缀。这里，将模式向右移动，匹配的后缀子模式与模式中出现的另一个相同后缀对齐。它的工作原理是：首先从右到左比较模式和文本字符串。如果发现任何不匹配，则检查到目前为止匹配的后缀的出现情况，这就是所谓的"好后缀"。以这种方式移动模式，即将好后缀的另一个出现对齐到文本，主要有两种情况：

（1）匹配后缀在模式中有一个或多个出现。

（2）匹配后缀的某些部分出现在模式的开头（这意味着匹配后缀的后缀作为模式的前缀存在）。

通过下面几个例子来讲解这部分内容。假设有一个模式 acabac，通过与文本字符的比较得到字符 a 和 b 不匹配，但此时，已经匹配了后缀 ac。搜索好的后缀 ac 在模式中的另一个出现，通过对齐该后缀来移动模式，如图 12-16 所示。

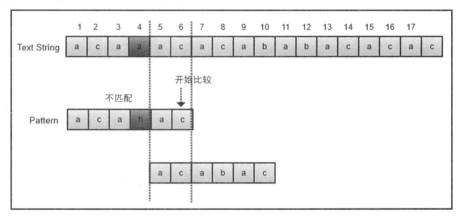

图 12-16　通过对齐后缀来移动模式

在下面这个例子中，有两个选择来对齐模式的移位，从而得到两个合适的后缀字符串。考虑位移最小的选择来对齐好后缀，这里，采用选择 1，如图 12-17 所示。

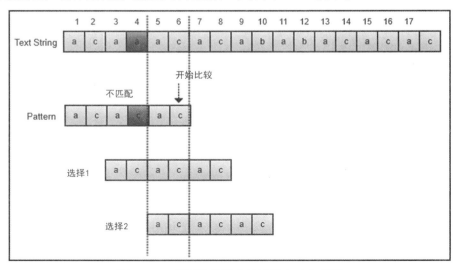

图 12-17　利用位移最小的选择来对齐后缀

在下面的例子中，得到了后缀 aac 的匹配，但是字符 b 和 a 不匹配。搜索好的后缀 aac，在模式中没有找到另一个。但是，发现模式开始处的前缀 ac 虽不与整个后缀匹配，但与后缀 aac 的后缀 ac 匹配。在这种情况下，通过对齐模式的前缀来移动模式，并将前缀与后缀对齐，如图 12-18 所示。

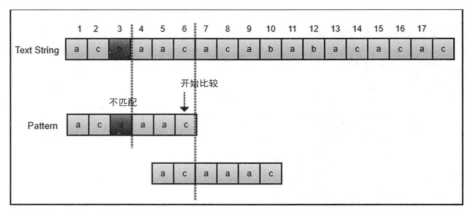

图 12-18　前缀与后缀对齐

好后缀启发式还有另一种情况。在这种情况下，后缀 aac 匹配，但字符 b 和 a 不匹配，且模式中没有出现另一个 aac，在这种情况下移动模式后，如图 12-19 所示。

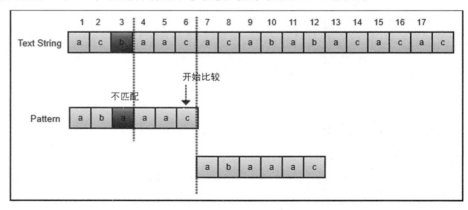

图 12-19　移动模式后

模式移动的位数，是由坏字符启发式和好后缀启发式给出的。

Boyer-Moore 算法对模式进行预处理的时间复杂度是 $O(m)$，进一步搜索的时间复杂度为 $O(mn)$。

4. 实现 Boyer-Moore 算法

下面来讲解 Boyer-Moore 算法的实现。最初，有文本字符串和模式，初始化变量后，开始 while 循环，将模式的最后一个字符与文本的对应字符进行比较。然后，使用从模式的最后一个索引到模式的第一个字符的嵌套循环，从右到左比较字符。它使用 yange(len(pattern)1,1,- 1)。外部的

while 循环跟踪文本字符串中的索引，而内部的 for 循环跟踪模式中的索引位置。

接下来，通过使用 pattern[j] != text[i+j] 开始比较字符。如果它们不匹配，则将标志变量设为 False，表示存在不匹配。

最后，通过使用条件 j == len(pattern)-1 来检查好后缀是否存在。如果条件满足，意味着没有好后缀。检查坏字符启发式，也就是说，如果一个不匹配的字符出现在文本模式或不使用条件 text[i + j]in patter[0:j]，当条件为真时，意味着坏字符模式存在。本例中，通过使用 i=i+j-pattern[0:j].rfind(text[i+j]) 移动模式，使坏字符与模式中出现的其他字符对齐。这里，i+j 是坏字符的索引的特征。

如果坏字符没有出现在模式中（它不在它的 else 部分中），则使用索引 i=i+j+1 将整个模式移到不匹配的字符旁边。

然后，进入条件的 else 部分来检查好后缀。当发现不匹配时，进一步测试是否有好后缀的子部分出现在模式的前缀中。通过使用以下条件来实现这一点：

```
text[i+j+k:i+len(pattern)] not in pattern[0:len(pattern)-1]
```

此外，检查好后缀的长度是否为 1。如果好后缀的长度是 1，不考虑这个移位。如果好后缀长度大于 1，通过使用好后缀启发式找出移位的次数，并将其存储在 gsshift 变量中，将模式移动到与文本的好后缀匹配的位置，代码如下：

```
gsshift=i+j+k-pattern[0:len(pattern)-1].rfind(text[i+j+k:i+len(pattern)])
```

此外，我们计算了由于坏字符启发式可能产生的移位数，并将其存储在 bcshift 变量中。当坏字符出现在模式中时，可能的移位数为 i+j-pattern[0:j].rfind(text[i+j])；当坏字符不出现在模式中时，可能的移位数为 i+j+1。

接下来，使用指令 i=max((bcshift, gsshift)) 按坏字符和好后缀启发式给出的最大移动次数对文本字符串上的模式进行移动。最后，检查 flag 变量是否为真。如果为真，则意味着已经找到了模式，并且匹配的索引已经存储在 matched_indexes 变量中。

Boyer-Moore 算法的实现如下：

```
text= "acbaacacababacacac"
pattern = "acacac"
matched_indexes = []
i=0
flag = True
while i<=len(text)-len(pattern):
    for j in range(len(pattern)-1, -1, -1):    # 反向搜索
        if pattern[j] != text[i+j]
            flag = False                # 表示存在不匹配
            if j == len(pattern)-1:
# 如果好后缀不存在，当 text[i+j] 在 pattern[0:j] 中时，测试坏字符
                if text[i+j] in pattern[0:j]:
                    i=i+j-pattern[0:j].rfind(text[i+j])
#i+j 是坏字符的索引，该行用于跳转模式，以匹配模式中具有相同字符的文本的坏字符
```

```
                    else:
                        i=i+j+1                # 如果没有出现坏字符，跳转至模式下一个
                else:
                    k=1
                    while text[i+j+k:i+len(pattern)] not in
pattern[0:len(pattern)-1]:
# 用于查找好后缀的剩余部分
                        k=k+1
                    if len(text[i+j+k:i+len(pattern)]) != 1:
# 好的后缀不能只有一个字符
                        gsshift=i+j+k-
pattern[0:len(pattern)-1].rfind(text[i+j+k:i+len(pattern)])
# 将模式跳转到模式的良好后缀，与文本后缀匹配的位置
                    else:
                        #gsshift=i+len(pattern)
                        gsshift=0
# 如果好后缀不存在，当 text[i+j] 在 pattern[0:j] 中时，测试坏字符
                    if text[i+j] in pattern[0:j]:
                        bcshift=i+j-pattern[0:j].rfind(text[i+j])
 #i+j 是坏字符的索引，该行用于跳转模式，以匹配模式中具有相同字符的文本的坏字符
                    else:
                        bcshift=i+j+1
                    i=max((bcshift, gsshift))
            break
        if flag:              # 若找到了模式，则正常迭代 matched_indexes.append(i)
            i = i+1
        else:                 # 再次将 flag 设置为 True，以便可以检查文本中的新字符串
print ("Pattern found at", matched_indexes)
```

12.3 小 结

本章中，我们介绍了广泛应用的字符串处理算法。讲解了与字符串相关的基本概念和定义，详细介绍了蛮力算法以及 Rabin–Karp、KMP 和 Boyer–Moore 模式匹配算法。可以看到，蛮力算法在逐个字符比较模式字符和文本字符串时相当缓慢。

在模式匹配算法中，试图寻找跳过不必要比较的方法，并尽可能快地将模式移动到文本上，以快速找到匹配模式的位置。KMP算法通过查看模式本身中的重叠子字符串来避免不必要的比较。此外，还介绍了在文本和模式较长的情况下，非常有效的 Boyer–Moore 算法，这是在实践中最流行的模式匹配算法。

第 13 章将更详细地介绍数据结构的设计技巧和策略。

第13章　设计技巧和策略

本章将学习计算机算法设计中更广泛的主题。随着编程经验的积累，某些模式开始变得明显起来，算法的世界包含了大量的技术和设计原则，掌握这些技术是解决更难问题的基础。

这一章，我们将介绍不同类型算法的分类方法和设计技术，并进一步介绍算法分析，以及这些重要算法的详细实现。

本章目标：
- 算法的分类。
- 各种算法设计方法。
- 各种重要算法的实现。

技术要求：

源代码在 GitHub 上的链接：https://github.com/PacktPublishing/Hands−On−Data−Structures−and−Algorithms−with−Python−3.7−Second−Edition/tree/master/Chapter13。

13.1　分类算法

各种算法设计用于解决各类应用问题，这些算法是否有相同的形式或相似之处？如果有，那么它们的相似之处和特征是什么，比较的基础是什么？如果存在区别，那么这些算法是否可以进行分类？

这些问题将在后面的小节中回答，这里先介绍关于算法分类的方法。

13.1.1　基于实现的分类

将一系列步骤或过程转换成一个有效的算法时，它可能采取多种形式，该算法的核心可以使用下列方法中的一个或多个。

1. 递归

递归算法是一种调用函数自身，重复执行代码直到满足某个条件为止的算法。有些问题通过递归更容易解决，河内塔（Hanoi）就是一个典型的例子。

简单地说，迭代函数是循环重复代码的一部分，而递归函数是一个调用自身来重复代码的函数；另一方面，迭代算法使用一系列步骤或重复构造来制定解决方案，它迭代地执行代码的一部分。这个重复的构造可以是一个简单的 while 循环，也可以是任何其他类型的循环，迭代解决方案也比递归更容易实现。

2. 逻辑

算法的一个实现是将其表示为可控的逻辑推导，这个逻辑成分由计算中使用的公理组成。控制组件确定对公理应用演绎的方式，表示为算法 = 逻辑 + 控制的形式，是逻辑编程范式的基础。

逻辑部分决定了算法的含义，控制元件只会影响它的效率。在不改变逻辑的情况下，可以通过改进控制元件来提高效率。

3. 串行或并行算法

大多数计算机的内存模型一次只允许执行一条指令。

串行算法也称为顺序算法，是按顺序执行的算法，执行从开始到结束，没有任何其他执行过程。

为了能够同时处理多个指令，需要不同的模型或计算技术，并行算法可以一次执行多个操作。在 PRAM 模型中，有共享全局内存的串行处理器，处理器可以一次执行多个指令，并行执行各种算术和逻辑操作。

并行 / 分布式算法将一个问题在不同的处理器之间划分成子问题来处理运算，有些串行算法可以有效地并行化，而迭代算法通常是可并行化的。

4. 确定性算法与非确定性算法

所谓确定性算法，也就是每次运行相同输入时，会产生相同的输出。有些问题在解决方案的设计中非常复杂，以确定的方式表达它们的解决方案，可能是一个挑战。

不确定性算法可以更改执行顺序或某些内部子流程，导致每次运行算法时，最终结果都有变化。

因此，每次运行一个不确定算法时，算法的输出也不同。例如，一个使用概率值的算法，由于随机数的生成不同，在持续运行时会产生不同的输出。

13.1.2　基于复杂度的分类

要确定一个算法的复杂度，就是预估计算或程序执行过程中需要多少空间（内存）和时间。一般情况下，比较两种算法的性能和复杂度，复杂度较低的算法（即执行给定任务所需的空间和时间较少的算法）是首选。

第 3 章对复杂度进行了全面的介绍，在这里只是总结前面所学到的内容。

复杂度曲线

考虑一个大小为 n 的问题。为了确定一个算法的时间复杂度，用 $T(n)$ 表示。取值范围为 $O(1)$、$O(\log_2 n)$、$O(n)$、$O(n \log_2 n)$、$O(n^2)$、$O(n^3)$、$O(2^n)$，根据算法执行的步骤，时间复杂度可能会受到影响，符号 $O(n)$ 表示算法的增长率。

根据实际问题，以确定哪种算法更适合解决给定的问题。如何得出冒泡排序算法比快速排序算法慢的结论？或者，如何比较一种算法与另一种算法的效率?

可以比较任意几种算法的大 O 来确定它们的效率，这种方法显示了时间度量或增长率随着 n 变化的过程。

一个不同算法运行时的图表如图 13-1 所示。

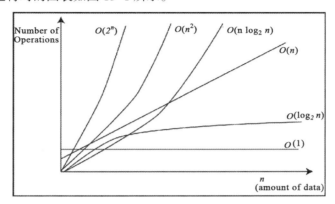

图 13-1　不同算法运行时的图表

按照升序，运行时列表由好到坏依次为 $O(1)$、$O(\log_2 n)$、$O(n)$、$O(n \log_2 n)$、$O(n^2)$、$O(n^3)$ 和 $O(2^n)$。因此，如果一种算法的时间复杂度是 $O(1)$，而同一任务的另一种算法的时间复杂度是 $O(\log_2 n)$，则优先选择第一种算法。

13.1.3　基于设计的分类

一个给定的问题可能有许多解决方案，在分析这些解决方案时，可以观察到每个方案都遵循某种模式或技术，可以根据算法解决问题的方式进行分类。

1. 分而治之

分而治之也称分治法，这种方法正如它的名字所描述的那样，为了解决（征服）某一问题，该算法将其划分为易于求解的子问题。然后，将每个子问题的解组合，最终解是子问题解的组合。

将问题分解成更小的子问题的方法，主要是通过递归来完成的，使用这种技术的算法包括归并排序、快速排序和二分搜索。

2. 动态规划

这种技术类似于分而治之，将一个问题分解成更小的问题。然而，在分治法中，每个子问题都必须得到解决，然后它的结果才能用于解决更大的问题。

相比之下，动态规划不重复计算已经遇到的子问题的解决方案，并且使用了一种存储技巧来避免重复计算。动态规划具有最优子结构和重叠子问题两个特征。

3. 贪心算法

确定某一问题的最佳解决方案可能是相当困难的，为了克服这一点，可以从多个可用的选项中选择最有希望的选项。

对于贪心算法,指导原则是:总是选择产生最有利结果的选项,并继续这种操作,希望达到完美的解决方案。该方法的目的是通过一系列局部最优选择,来寻求全局的最优解,局部最优选择往往会产生最优解决方案。

13.2 技术实现

从动态规划开始,深入研究前面介绍过的一些理论编程技术的实现。

13.2.1 使用动态编程的实现

正如前面讲到的,动态规划是将一个给定的问题分成更小的子问题。在寻找解决方案时,不会重复计算以前遇到的任何子问题。

这看起来有点像递归,但有一点不同。一个问题可以通过使用动态编程来解决,但不一定采用递归调用的形式。

采用动态规划解决的问题,应该具备重叠子问题的性质。一旦发现子问题在计算过程中重复,则不需要再计算,并且返回先前遇到的子问题的一个预先计算的结果。

为了确保不重复计算子问题,需要一种有效的方法来存储先前每个子问题的结果,有两种存储技术。

1. 有关存储
这种方法从最初的问题集开始,并把它分成小的子问题。在确定了子问题的解决方案之后,将结果存入存储单元。以后,当遇到这个子问题时,从存储单元返回预先计算的结果。

2. 列表
列表中,子问题的解决方案存储在列表中,然后将它们组合起来解决更大的问题。

13.2.2 斐波那契数列

考虑一个实例来理解动态编程,使用斐波那契数列来说明存储和列表技术。

斐波那契数列可以用递归关系来证明。递归关系用来定义数学函数或序列的递归函数。例如,下面的递归关系定义了斐波那契数列 [1,1,2,3,5,8,...]:

```
func(1)= 1
func(0)= 1
func(n)= func(n-1) + func(n-2)
```

注意,斐波那契数列可以通过将 n 的值放入序列 [1,2,3,4,...] 来生成。

1. 存储方法

生成第 5 项的斐波那契级数：

```
1 1 2 3 5
```

递归程序生成序列如下：

```python
def fib(n):
    if n <= 2:
        return 1
    else:
        return fib(n-1) + fib(n-2)
```

代码非常简单，虽然读起来有点拗口，但所做的递归调用最终解决了问题。

当基本情况满足时，fib() 函数返回 1。如果 n 等于或小于 2，基本情况就满足了。

如果不满足基本情况，将再次调用 fib() 函数，这次为第一次调用提供 n−1，为第二次调用提供 n−2，代码如下：

```python
return fib(n-1) + fib(n-2)
```

求解斐波那契数列第 i 项的策略布局树形图如图 13−2 所示。

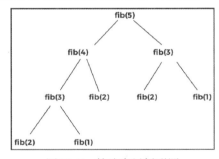

图 13−2 策略布局树形图

仔细观察树形图可以发现一些有趣的模式：对 fib(1) 的调用发生两次，对 fib(2) 的调用发生了三次，对 fib(3) 的调用发生了两次。

同一个函数调用的返回值永远不变。例如，每次调用 fib(2)，它的返回值总是相同的。fib(1) 和 fib(3) 也是一样的。因此，如果对相同的函数再次计算，就会浪费计算时间，因为返回的结果是相同的。

重复调用具有相同参数和输出的函数表明存在重叠。某些计算在子问题中重复发生，一个好的方法是在第一次遇到 fib(1) 时存储它的计算结果。类似地，存储 fib(2) 和 fib(3) 的返回值。之后，每当遇到对 fib(1)、fib(2) 或 fib(3) 的调用时，只需返回它们各自的结果即可。

此时调用 fib()，如图 13−3 所示。

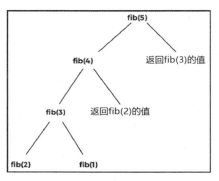

图13-3　调用fib()

这里，当多次遇到 fib(3)、fib(2) 和 fib(1) 时，不需要重复计算，这是存储技术的典型代表，在将一个问题分解为子问题时，不需要重新计算对函数的重叠调用。

在斐波那契示例中，重叠函数调用是 fib(1)、fib(2) 和 fib(3)：

```
def dyna_fib(n, lookup):
    if n <= 2:
        lookup[n] = 1
    if lookup[n] is None:
        lookup[n] = dyna_fib(n-1, lookup) + dyna_fib(n-2, lookup)
    return lookup[n]
```

要创建一个包含 1000 个元素的列表，需要执行以下操作，并将其传递给 dyna_fib 函数的查找参数，方法如下：

```
map_set = [None]*(1000)
```

这个列表将存储对 dyna_fib() 的各种调用的计算值：

```
if n <= 2:
    lookup[n] = 1
```

当 n 小于或等于 2 时，对 dyna_fib() 函数的任何调用都将返回 1。当计算 dyna_fib(1) 时，将值存储在 map_set 的索引 1 处。按以下方式写出 lookup[n] 的条件：

```
if lookup[n] is None:
    lookup[n] = dyna_fib(n-1, lookup) + dyna_fib(n-2, lookup)
```

通过查找以便在计算子问题时可以引用，对 dyna_fib(n-1, lookup) 和 dyna_fib(n-2, lookup) 的调用存储在 lookup[n] 中。

当运行更新后的函数，用来查找斐波那契数列的第 i 项时，比初始运行快，两种实现的初值都是 20，看看它们在执行速度上的差异。

然而，更新后的算法牺牲了空间复杂度，因为在存储函数调用的结果时占用了额外的内存。

2. 制表技术

动态规划中的第二种技术涉及使用结果表，或在某些情况下使用矩阵来存储计算结果，以便后续运算使用。

这种方法解决了更大的问题，因为它首先制定了通往最终解决方案的路径。对于 fib() 函数，建立一个具有 fib(1) 和 fib(2) 值的表。基于这两个值，后续 fib(n) 的计算都可以用到，方法如下：

```
def fib(n):
    results = [1, 1]
    for i in range(2, n):
        results.append(results[i-1] + results[i-2])
    return results[-1]
```

results 变量在索引 0 和索引 1 处储存值 0 和 1，表示 fib(1) 和 fib(2) 的返回值。为了计算 fib() 函数大于 2 的值，调用 for 循环，将结果的 results [i-1]+results[i-2] 追加到结果列表。

13.2.3 分治法的实现

这种解决问题的编程方法，强调将一个问题分解为与原问题相同类型或形式的更小的子问题，然后将这些子问题的解组合从而得到原问题的最终解。

这种编程方法有以下三个步骤：

（1）分裂，将原始问题分解为子问题，可以通过迭代或递归调用来实现。

（2）征服，把问题无限地分解成子问题是不可能的。在某种程度上，最小的不可分割问题将返回一个解决方案。通过组合最小子问题的解决方案，就可以得到原始问题的最终解决方案。

（3）归并，为了得到最终的解决方案，需要把子问题的解决方案组合起来，从而解决原始问题。

分治法还有其他的变体，如合并和组合、征服和求解。许多算法都利用了分治原理，如归并排序、快速排序和 Strassen 矩阵乘法。

接下来将描述归并排序算法的实现，正如第 3 章中所介绍的。

归并排序（Merge sort）

归并排序算法基于分治规则。给定一个未排序的元素列表，将列表大致分成两部分，继续递归地把列表再分成两部分。

一段时间后，作为递归调用的结果创建的子列表将只包含一个元素，然后，开始在征服或归并步骤中，归并解决方案，代码如下：

```
def merge_sort(unsorted_list):
    if len(unsorted_list) == 1:
        return unsorted_list
    mid_point = int((len(unsorted_list))//2)
    first_half = unsorted_list[:mid_point]
    second_half = unsorted_list[mid_point:]
    half_a = merge_sort(first_half)
    half_b = merge_sort(second_half)
```

```
        return merge(half_a, half_b)
```

算法的实现，首先将未排序的元素列表传递到 merge_sort 函数，if 语句用于建立基本情况判别，其中，如果 unsorted_list 中只有一个元素，只需再次返回该列表。如果列表中有多个元素，则使用 mid_point = int((len(unsorted_list)) // 2) 找到大致的中间值。

使用 mid_point，将列表分成两个子列表，即 first_half 和 second_half，代码如下：

```
first_half = unsorted_list[:mid_point]
second_half = unsorted_list[mid_point:]
```

递归调用是再次将两个子列表传递给 merge_sort 函数，代码如下：

```
half_a = merge_sort(first_half)
half_b = merge_sort(second_half)
```

现在进行归并。当 half_a 和 half_b 被赋值，调用 merge 函数时，它将归并或组合存储在 half_a 和 half_b 中的两个解决方案，所得列表如下：

```
def merge(first_sublist, second_sublist):
    i = j = 0
    merged_list = []
    while i < len(first_sublist) and j < len(second_sublist):
        if first_sublist[i] < second_sublist[j]:
            merged_list.append(first_sublist[i])
            i += 1
        else:
            merged_list.append(second_sublist[j])
            j += 1
    while i < len(first_sublist):
        merged_list.append(first_sublist[i])
        i += 1
    while j < len(second_sublist):
        merged_list.append(second_sublist[j])
        j += 1
    return merged_list
```

merge 函数接收需要合并的两个列表——first_sublist 和 second_sublist，变量 i 和 j 的初始化值为 0，并被用作归并过程中的指针，分别指示其所在两个列表中的位置。

最终的 merged_list 包含合并后的列表，代码如下：

```
while i < len(first_sublist) and j < len(second_sublist):
    if first_sublist[i] < second_sublist[j]:
        merged_list.append(first_sublist[i])
        i += 1
    else:
```

```
merged_list.append(second_sublist[j])
j += 1
```

while 循环开始比较 first_sublist 和 second_sublist 中的元素，if 语句选择两者中较小的一个，first_sublist [i] 或 second_sublist [j]，并将其追加到 merged_list 中。i 或 j 索引会递增，以反映在归并步骤中的位置。当其中一个子列表为空时，while 循环停止。

first_sublist 或 second_sublist 中可能留有元素。最后两个 while 循环确保这些元素在返回前被添加到 merged_list 中，最后一次调用 merge(half_a, half_b) 将返回排序后的列表。

通过归并两个子列表 [4,6,8] 和 [5,7,11,40]，对算法进行一次实践，如表 13-1 所列。

表 13-1　归并两个子列表

Step	first_sublist	second_sublist	merged_list
Step 0	[4 6 8]	[5 7 11 40]	[ ]
Step 1	[6 8]	[5 7 11 40]	[4]
Step 2	[6 8]	[7 11 40]	[4 5]
Step 3	[8]	[7 11 40]	[4 5 6]
Step 4	[8]	[11 40]	[4 5 6 7]
Step 5	[ ]	[11 40]	[4 5 6 7 8]
Step 6	[ ]	[ ]	[4 5 6 7 8 11 40]

请注意，粗体文本表示 first_sublist（使用 i 索引）和 second_sublist（使用 j 索引）循环中引用的当前项。

在执行过程中，从 merge 函数中的第三个 while 循环开始，将 11 和 40 移动到 merged_list 中，返回的 merged_list 将包含完全排序的列表。

请注意，归并算法需要 $O(n)$ 时间，归并排序算法的运行时间复杂度 $O(\log_2 n)$ $T(n) = O(n)$ $O(\log_2 n) = O(n \log_2 n)$。

13.2.4　贪心算法实现

正如前面所介绍的，贪心算法选出可能的最佳局部解，而该局部解又提供了问题的最优解。这种技术的目的是希望通过在每一步中做出最佳选择，而使整个路径通向一个整体的最优解决方案或终点。

贪心算法包括寻找最小生成树的 Prim 算法、背包问题和旅行推销员问题。

1. 硬币找零问题

为了演示贪心算法是如何工作的，看一个例子：希望计算出制造给定数量 A 所需的最小硬币数量，在这个问题中，有无限供应的给定硬币的值。

例如，某国家，硬币有以下面额：1、5 和 8 GHC。给定一个数量（如 12 GHC），希望找到提供这个数量所需的最小硬币数量。

该算法通过使用面值 [a1,a2,a3,...,an] 如下：

（1）对命名序列 [a1, a2, a3,...,an] 进行排序。

（2）得到 [a1, a2, a3,...,an] 小于 A。

（3）用 A 除以最大的面额值，得到商。

（4）通过使用（A % 最大分母），得到余数。

（5）如果 A 的值变为 0，则返回结果。

（6）如果 A 的值大于 0，则在结果变量中添加最大的分母和除法变量，然后重复步骤（2）~（5）。

使用贪心算法，首先，用 12 除以可用的面额中最大的值（即 8），余数 4 不能被 8 或下一个最小的分母 5 整除。所以，试一试 1GHC 的硬币，需要 4 个 1GHC。最后，使用这个贪心算法，返回一个 8 GHC 硬币和 4 个 1 GHC 硬币的答案。

到目前为止，贪心算法效果良好，返回相应命名的函数如下：

```python
def basic_small_change(denom, total_amount):
    sorted_denominations = sorted(denom, reverse=True)
    number_of_denoms = []
    for i in sorted_denominations:
        div = total_amount // i
        total_amount = total_amount % i
        if div > 0:
            number_of_denoms.append((i, div))
    return number_of_denoms
```

贪心算法，总是从可使用的最大的分母开始。注意，denom 是一个命名列表，sorted(denom, reverse=True) 将对列表进行反向排序，以便可以在索引 0 处获得最大的命名。现在，sorted_denomations 从已排序的命名列表的索引 0 开始，迭代并应用贪心算法：

```python
for i in sorted_denominations:
    div = total_amount // i
    total_amount = total_amount % i
    if div > 0:
        number_of_denoms.append((i, div))
```

循环将遍历命名列表。每次循环运行时，通过将 total_amount 除以当前的分母 i 来获得商 div。total_amount 变量将被更新，以存储余数供下一步处理。如果商大于 0，则将其存储在 number_of_denoms 中。

然而，在某些情况下，这个算法可能会失败。例如，当需要 12 GHC 时，我们的算法返回 1 个 8 GHC 和 4 个 1 GHC 硬币。然而，这个输出并不是最优解决方案，最优解决方案是使用 2 个 5 GHC 和 2 个 1 GHC 硬币。

这里，提出一种较好的贪心算法，该函数返回一个元组列表，以得到最佳结果，代码如下：

```python
def optimal_small_change(denom, total_amount):
```

```
        sorted_denominations = sorted(denom, reverse=True)
        series =[]
        for j in range(len(sorted_denominations)):
            term= sorted_denominations[j:]
                number_of_denoms = []
                local_total = total_amount
                for i in term:
                    div = local_total // i
                    local_total = local_total % i
                    if div > 0:
                    number_of_denoms.append((i, div))
                series.append(number_of_denoms)
        return series
```

外部 for 循环能够限制从中找到解决方案的取值范围：

```
for j in range(len(sorted_denominations)):
    term = sorted_denominations[j:]
        ...
```

假设在 sorted_denomations 中有列表 [5,4,3]，使用 [j:] 对其进行切片，获得子列表 [5,4,3]、[4,3] 和 [3]，试图从这些子列表中找到正确的组合。

2. 最短路径算法

最短路径问题，要求找出图中节点之间的最短可能路径。该算法可绘制从 A 点到 B 点的最有效路径，这在地图绘制和路线规划方面有重要的应用。

Dijkstra 算法是解决这一问题的流行的方法。该算法用于寻找从一个源到图中所有其他节点或顶点的最短距离。这里解释如何使用贪心算法来解决这个问题。

Dijkstra 算法适用于加权有向图和无向图，该算法在加权图中生成从给定源节点 A 的最短路径列表的输出。算法工作原理如下：

（1）将所有节点标记为未访问，并将它们与给定源节点的距离设置为无穷大（源节点设置为零）。

（2）将源节点设置为 current。

（3）对于当前节点，查找所有未访问的相邻节点，计算从源节点通过当前节点到该节点的距离。将新计算的距离与当前分配的距离进行比较，如果它更小，则将其真正设置为新值。

（4）一旦考虑了当前节点中所有未访问的相邻节点，就将其标记为已访问。

（5）考虑下一个未访问的节点，它与源节点的距离最短。重复步骤（2）~（4）。

（6）当未访问节点列表为空时停止，这意味着已经考虑了所有未访问节点。

考虑以下带有 6 个节点 [A, B, C, D, E, F] 的加权图的例子，来理解 Dijkstra 算法是如何工作的，如图 13-4 所示。

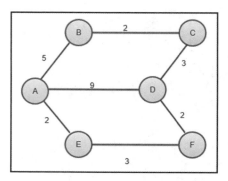

图13-4 加权图

从图13-4可以看出，节点A到节点D之间的最短路径，看似是一条距离为9的直线。然而，最短的路线意味着最少的总距离，即包含了几个部分。通过比较可以看出，从节点A到节点E再到节点F，最后到节点D的总距离为7，路径更短。

我们将用只有单一源节点来实现最短路径算法。它将确定从原点（在本例中是A）到图中任何其他节点的最短路径。

在第8章中，介绍了如何用邻接表表示图。使用邻接表以及每条边的权值／代价／距离来表示图形。邻接表用于跟踪从图中的源到其他节点的最短距离。使用Python字典来实现此表，起始表如表13-2所列。

表13-2 起始表

节 点	从上一个节点到源的最短距离	前一个节点
A	0	None
B	∞	None
C	∞	None
D	∞	None
E	∞	None
F	∞	None

图和表的邻接表如下：

```
graph = dict()
graph['A'] = {'B': 5, 'D': 9, 'E': 2}
graph['B'] = {'A': 5, 'C': 2}
graph['C'] = {'B': 2, 'D': 3}
graph['D'] = {'A': 9, 'F': 2, 'C': 3}
graph['E'] = {'A': 2, 'F': 3}
graph['F'] = {'E': 3, 'D': 2}
```

嵌套字典，保存距离和相邻节点。

算法开始时，从给定的源节点（A）到任意节点的最短距离是未知的。因此，由于节点A到节点 A 的距离为 0，所以首先将除节点 A 之外的所有其他节点的距离都设为无穷大。假设，算法开始时没有访问过任何节点。那么，将节点 A 的上一个节点列标记为 None。

第一步，首先检查节点 A 的邻节点，找到的最短距离从节点 A 到节点 B，需要找到从节点 A 到前一节点 B 的距离，恰好是节点 A，并将它添加到从节点 A 到节点 B 的距离，持续对节点 A 的相邻节点 B、E 和 D 采用相同的处理方法，如图 13-5 所示。

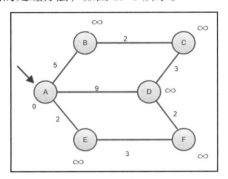

图 13-5 添加节点距离

取相邻节点 B，因为其到节点 A 的距离最小，起始节点（A）到前一个节点（None）的距离为 0，前一个节点到当前节点（B）的距离为 5，与节点 B 的最短距离列中的数据进行比较。由于5 小于无穷大（∞），用两者中较小的一个来代替 ∞，即 5。

当一个节点的最短距离被一个更小的值替换时，也需要为当前节点的所有相邻节点更新上一个节点列。在此之后，将节点 A 标记为已访问，如图 13-6 所示。

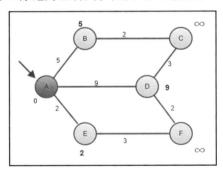

图 13-6 将节点 A 标记为已访问

在第一步结束时，我们的表如表 13-3 所列。

表 13-3 更新后的表（1）

节　　点	从上一个节点到源的最短距离	前一个节点
A*	0	None
B	5	A
C	∞	None

节　　点	从上一个节点到源的最短距离	前一个节点
D	9	A
E	2	A
F	∞	None

此时，节点 A 被标记为已访问。因此，将节点 A 添加到访问节点列表中，通过加粗文本并添加星号来显示节点 A 已被访问。

第二步，使用我们的表作为向导，找到距离最短的节点，节点 E 的值为 2，距离最短。这是从关于节点 E 的表中可以推断出来的，为了到达节点 E，必须访问节点 A 覆盖距离为 2 的节点。从节点 A 开始，走过 0 的距离，到达起始节点 A 本身。

与节点 E 相邻的节点是 A 和 F，但是节点 A 已经被访问过了，所以只考虑节点 F，为了找到到节点 F 的最短路径或距离，必须求出起始节点到节点 E 的距离，并将其与节点 E 到节点 F 的距离相加。可以通过节点 E 的最短距离列求出起始节点到节点 E 的距离，该列的值为 2。节点 E 到节点 F 的距离可以从本节前面用 Python 开发的邻接表中获得。

这段距离是 3。这两个加起来是 5，小于∞。记住，检查的是相邻节点 F，因为节点 E 已经没有相邻节点了，所以将节点 E 标记为已访问。更新的表得到的值如表 13-4 所列。

表 13-4　更新后的表（2）

节　　点	从上一个节点到源的最短距离	前一个节点
A*	0	None
B	5	A
C	∞	None
D	9	A
E*	2	A
F	5	E

访问节点 E 后，在表的最短距离列中找到最小的值，对于节点 B 和 F，都是 5。单纯根据字母顺序选择 B（同样可以选择 F）。

B 的相邻节点是 A 和 C，但节点 A 已经被访问过。使用前面建立的规则，从 A 到 C 的最短距离是 7。得到这个数字是因为从起始节点到节点 B 的距离是 5，而节点 B 到 C 的距离是 2。由于 7 小于无穷，更新了最短的距离到 7，并且用节点 B 更新了之前的节点列，如图 13-7 所示。

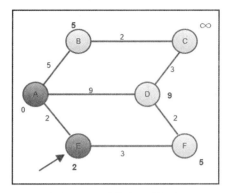

图 13-7 用节点 B 更新后

现在，B 也被标记为已访问。表的新状态如表 13-5 所列。

表 13-5 更新后的表（3）

节 点	从上一个节点到源的最短距离	前一个节点
A*	0	None
B*	5	A
C	7	B
D	9	A
E*	2	A
F	5	E

距离最短但未访问的是节点 F。与 F 相邻的节点是 D 和 E，但节点 E 已经被访问过。因此，将重点放在寻找从起始节点到节点 D 的最短距离上。

通过将节点 A 到 F 的距离和节点 F 到 D 的距离相加来计算这个距离，总和是 7，小于 9。因此，用 7 来更新节点 D 上一个节点列中的 9，用 F 来替换 A，如图 13-8 所示。

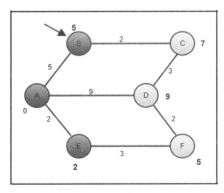

图 13-8 用 7 更新节点 D 后

节点 F 现在被标记为已访问。以下是更新后的表格和到目前为止的数据，如表 13-6 所列。

表 13-6　更新后的表（4）

节　　点	从上一个节点到源的最短距离	前一个节点
A*	0	None
B*	5	A
C	7	B
D	7	F
E*	2	A
F*	5	E

现在只剩下两个未访问的节点 C 和 D，它们的距离都是 7。按照字母顺序，选择检查节点 C，因为两个节点从起始节点 A 到 C 的最短距离相同，如图 13-9 所示。

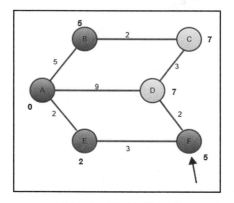

图 13-9　最短距离相同

由于 C 的所有相邻节点都被访问过，因此，只需要将节点 C 标记为已访问。图目前保持不变，如图 13-10 所示。

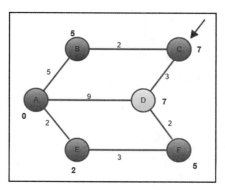

图 13-10　图保持不变

最后，取节点 D，发现它的所有相邻节点也都被访问过，只需把节点 D 标记为已访问。表格保持不变，如表 13-7 所列。

表 13-7　保持不变的表

节　点	从上一个节点到源的最短距离	前一个节点
A*	0	None
B*	5	A
C*	7	B
D*	7	F
E*	2	A
F*	5	E

用初始图来验证这个表。从图 13-11 可知，知道节点 A 到节点 F 的最短距离是 5，节点 A 经过 E 才能到达节点 F。

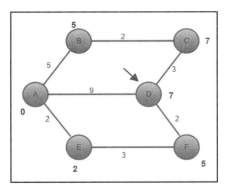

图 13-11　初始图

从表 13-7 中可以看出，节点 F 到源的最短距离为 5，是正确的。为了到达节点 F，需要访问节点 E，从节点 E 到节点 A，也就是起始节点，实际上这是最短路径。

为了实现 Dijkstra 寻找最短路径的算法，编写程序，能够跟踪图中变化的表，来寻找最短的距离。图表的字典如下：

```
table = dict()
table = {
    'A': [0, None],
    'B': [float("inf"), None],
    'C': [float("inf"), None],
    'D': [float("inf"), None],
    'E': [float("inf"), None],
    'F': [float("inf"), None],
}
```

表的初始状态使用 float("inf") 表示无穷，字典中的每个键都映射到一个列表。在列表的第一个索引处，存储到源 A 的最短距离。在第二个索引处，存储前一个节点，方法如下：

```
DISTANCE = 0
PREVIOUS_NODE = 1
INFINITY = float('inf')
```

为了避免使用魔法数字，使用前面的常数，最短路径列的索引由距离引用，前面的节点列的索引被 PREVIOUS_NODE 引用。

现在，已经设置好算法的主要功能，以邻接表表示图、表和起始节点等参数，代码如下：

```
def find_shortest_path(graph, table, origin):
    visited_nodes = []
    current_node = origin
    starting_node = origin
```

将已访问节点的列表保存在 visited_nodes 列表中，current_node 和 starting_node 变量都指向源节点，源节点值是所有其他节点在寻找最短路径时的参考点。

while 循环完成整个过程的重复工作，代码如下：

```
while True:
    adjacent_nodes = graph[current_node]
    if set(adjacent_nodes).issubset(set(visited_nodes)):
        # 这里没什么可做的。已访问了所有节点。通过即可
    else:
        unvisited_nodes =
            set(adjacent_nodes).difference(set(visited_nodes))
        for vertex in unvisited_nodes:
            distance_from_starting_node =
                get_shortest_distance(table, vertex)
            if distance_from_starting_node == INFINITY and current_node ==
starting_node:
                total_distance = get_distance(graph, vertex, current_node)
            else:
                total_distance = get_shortest_distance (table, current_
node) + get_distance(graph, current_node,vertex)
            if total_distance < distance_from_starting_node:
                set_shortest_distance(table, vertex,total_distance)
                set_previous_node(table, vertex, current_node)
    visited_nodes.append(current_node)
    if len(visited_nodes) == len(table.keys()):
        break
    current_node = get_next_node(table,visited_nodes)
```

让我们分解一下 while 循环的工作流程。在 while 循环的循环体中，通过 adjacent_nodes = graph[current_node] 来获得想要研究的图中的当前节点，而 current_node 已经事先设置好，if 语句

来确定 current_node 的所有相邻节点是否已被访问。

当 while 循环第一次执行时，current_node 将包含节点 A，adjacent_nodes 将包含节点 B、D 和 E，此时，visited_nodes 为空。如果已经访问了所有节点，则只需要继续访问程序下面的语句，否则，将开始下一轮循环。

set(adjacent_nodes).difference(set(visited_nodes)) 语句返回未被访问的节点。循环遍历时，未访问节点列表为：

```
distance_from_starting_node = get_shortest_distance(table, vertex)
```

get_shortest_distance(list,top) 辅助方法将返回存储在表的最短距离的列值，使用顶点引用的未访问节点之一，代码如下：

```
if distance_from_starting_node == INFINITY and current_node == starting_
node:
    total_distance = get_distance(graph, vertex, current_node)
```

当检查起始节点的相邻节点时，distance_from_starting_node == INFINITY and current_node == starting_node 将判别为 True，在这种情况下，只需要通过引用图找到起始节点和顶点之间的距离：

```
total_distance = get_distance(graph, vertex, current_node)
```

get_distance 方法是用来获取顶点和 current_node 之间的边的值（距离）的另一个辅助方法。如果条件失败，则将起始节点到 current_node 的距离和 current_node 到 vertex 的距离赋值给 total_distance。

一旦获得了总距离，检查 total_distance 是否小于表中最短距离列中的现有数据。如果它更小，那么使用两个辅助方法来更新该行：

```
if total_distance < distance_from_starting_node:
    set_shortest_distance(table, vertex, total_distance)
set_previous_node(table, vertex, current_node)
```

现在，将 current_node 添加到访问的节点列表中：

```
visited_nodes.append(current_node)
```

如果已经访问了所有节点，退出 while 循环。为了检查是否访问了所有节点，将 visited_nodes 列表的长度与表中的键数进行比较。如果它们相等，则退出 while 循环。

get_next_node 辅助方法用于获取下一个要访问的节点。该方法有助于在表的起始节点的最短距离列中找到最小值。

整个方法以返回更新后的表结束。为了输出表格，使用以下语句：

```
shortest_distance_table = find_shortest_path(graph, table, 'A')
for k in sorted(shortest_distance_table):
    print("{} - {}".format(k,shortest_distance_table[k]))
```

上面语句的输出如下：

```
>>>
A - [0, None]
```

```
B - [5, 'A']
C - [7, 'B']
D - [7, 'F']
E - [2, 'A']
F - [5, 'E']
```

为了完整起见，看看辅助方法：

```
def get_shortest_distance(table, vertex):
    shortest_distance = table[vertex][DISTANCE]
    return shortest_distance
```

get_shortest_distance 函数返回存储在表索引 0 中的值。在这个索引处，总是存储从起始节点到顶点的最短距离。set_shortest_distance 函数只设置这个值，如下所示：

```
def set_shortest_distance(table, vertex, new_distance):
    table[vertex][DISTANCE] = new_distance
```

当更新一个节点的最短距离时，使用以下方法更新它的上一个节点：

```
def set_previous_node(table, vertex, previous_node):
    table[vertex][PREVIOUS_NODE] = previous_node
```

记住，PREVIOUS_NODE 常数等于 1。在表中，将 previous_node 的值存储在 table[vertex][VI_NODE] 中。

为了求任意两个节点之间的距离，使用 get_distance 函数：

```
def get_distance(graph, first_vertex, second_vertex):
    return graph[first_vertex][second_vertex]
```

最后一个辅助方法是 get_next_node 函数：

```
def get_next_node(table, visited_nodes):
    unvisited_nodes =
        list(set(table.keys()).difference(set(visited_nodes)))
    assumed_min = table[unvisited_nodes[0]][DISTANCE]
    min_vertex = unvisited_nodes[0]
    for node in unvisited_nodes:
        if table[node][DISTANCE] < assumed_min:
            assumed_min = table[node][DISTANCE]
            min_vertex = node
    return min_vertex
```

get_next_node 函数类似于查找列表中最小项的函数。

该函数首先使用 visited_nodes 来查找表中未访问的节点，以获得两组列表之间的差异。假设 unvisited_nodes 列表中的第一项是表中最短距离列中的最小项，如果在 for 循环运行时发现一个较小的值，min_vertex 将被更新，然后函数返回 min_vertex 作为与源的距离最小的未访问顶点或节点。

Dijkstra 算法的最坏情况运行时间为 $O(|E| + |V| \log_2 |V|)$，其中 $|V|$ 为顶点数，$|E|$ 为边数。

13.3 复杂度类

复杂度类，根据问题的难度等级以及解决问题所需的时间和空间资源进行分类。在这一节中，将介绍 P、NP、NP 完全和 NP 难问题复杂度类。

1.P 与 NP

计算机的出现加快了某些工作的执行速度。一般来说，计算机善于计算和解决问题，这些问题可以简化为一套数学计算。

然而，这种说法并不完全正确。有一些问题需要计算机花费大量的时间来做出一个合理的猜测，更不用说找到正确的解决方案了。

在计算机科学中，计算机可以在多项式时间内，使用逻辑步骤逐步解决的一类问题，被称为 P 问题，其中 P 代表多项式，这些问题相对容易解决。

还有一类问题很难解决。"难问题"是指在试图找到解决方案时，难度增加的问题。然而，尽管这些问题有很高的难度，但可以确定是否能在多项式时间内解决所提出的问题。这些被称为 NP 问题，NP 表示不确定性多项式时间。

 现在最重要的问题是，P = NP 吗？

P = NP 的证明是克雷数学研究所（Clay Mathematics Institute）颁发的千禧年大奖（Millennium Prize）问题之一，正确解答者将获得 100 万美元的奖金。

旅行推销员问题是 NP 型的一个例子。旅行推销员问题是给定一个国家的 n 个城市，找出它们之间最短的路线，从而使旅行更划算。

当城市数量较少时，这个问题可以在合理的时间内得到解决，当城市数量超过两位数时，计算机所花费的时间就会成指数级增长。

很多计算机和网络安全系统都基于 RSA 加密算法，该算法的优点在于它使用了整数因式分解问题，这是一个典型的 NP 型问题。

求一个由多位数字组成的质数的质因数是很困难的，当两个大素数相乘时，得到一个大的非素数，这类数字的因式分解是许多加密算法的优势之处。

所有 P 型问题都是 NP 型问题的子集，如图 13-12 所示。这意味着任何可以在多项式时间内解决的问题也可以在多项式时间内验证。

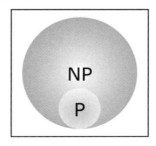

图 13-12   P型问题是NP型问题的子集

　　而 P = NP 则考察在多项式时间内，可以验证的问题是否也可以在多项式时间内得到解决。特别是，如果它们是相等的，就意味着可以通过尝试部分可能的解决方案，而不需要尝试所有可能的解决方案。

　　当证明最终被发现时，它必将对密码学、博弈论、数学和其他许多领域产生重要影响。

2.NP 难问题

　　如果 NP 中的其他问题都是多项式时间可归约的，或者映射到多项式时间可归约上，那么这个问题就是 NP 难问题，它至少和 NP 中最难的问题一样难。

3.NP 完全问题

　　NP 完全问题是最困难的问题。如果一个问题是 NP 难问题，同时也是 NP 类中的问题，则该问题被认为是 NP 完全问题。

　　各种复杂度组的维恩图如图 13-13 所示。

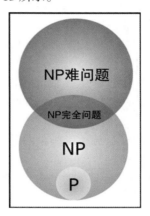

图 13-13　维恩图

13.4　小　结

　　本章中，我们详细介绍了在计算机科学领域中非常重要的算法设计技术，以及一些主要的算法类别。还涵盖了该领域的其他设计技术，如分治法、动态规划和贪心算法，以及重要示例算法的实现。最后，对复杂度类进行了简短的介绍。可以看到，如果 P = NP 的证明被发现，它将在许多领域中成为游戏规则的改变者。

　　第 14 章将学习一些现实世界的应用、工具和机器学习应用的基础知识。

第14章　算法实现、应用程序和工具

学习算法不仅仅是学术追求，本章中，将探索塑造现实存在的数据结构和算法。

丰富的数据是这个时代的巨大金矿，电子邮件、电话号码、文本文档和图像包含大量数据，为了从这些数据中提取出有价值的信息，必须使用数据结构、处理过程和专门用于这项任务的算法。

机器学习使用大量的算法来分析和预测某些变量的发生，但是，单纯地依靠数学概念来分析数据，仍然会在原始数据中留下很多信息。因此，可视化地呈现数据也能使人理解并获得有价值的信息。

本章目标：

● 数据的准确修剪和显示。

● 监督学习和非监督学习的预测算法。

● 数据的可视化，以获得更多的洞察力。

14.1　技术要求

为了学习本章内容，需要安装一些包。这些包用于预处理和可视化地表示正在处理的数据，以及良好算法的编写实现。

最好使用 pip 安装这些模块。首先，在 Python 3 中安装 pip：

```
sudo apt-get update
sudo apt-get install python3-pip
```

此外，还要安装 numpy、scikit–learn、matplotlib、pandas 和 textblob 包：

```
#pip3 install numpy
#pip3 install scikit-learn
#pip3 install matplotlib
#pip3 install pandas
#pip3 install textblob
```

如果是旧版本的 Python（即 Python2），则可以使用 pip 替换 pip3 来安装包。

还需要安装 nltk 和 punkt 包，它们提供内置的文本处理功能。安装时，打开 Python 终端，执行命令：

```
>>import nltk
>>nltk.download('punkt')
```

这些包可能需要安装其他特定于平台的模块，注意并安装所有相关项：

● **NumPy**：一个用于操作 *n* 维数组和矩阵的函数库。

● **Scikit-learn**：一个非常先进的机器学习模块，它包含了分类、回归和聚类等许多算法的实现。

● **Matplotlib**：一个绘图库，它使用 NumPy 绘制各种图表，包括线、图、直方图、散点图，甚至 3D 图。

● **Pandas**：数据处理和分析库。

GitHub的链接如下：https://github.com/PacktPublishing/Hands−On−Data−Structures−and−Algorithms−with−Python−3.x−Second−Edition/tree/master/Chapter14。

14.2　从数据中发现信息

为了从给定的数据中提取有用的信息，首先收集用于学习模式的原始数据。接下来，应用数据预处理技术去除数据中的噪声。然后，从数据中提取重要的特征，这些具有数据特征的信息用于开发模型。特征提取是机器学习算法有效工作的关键步骤，对于机器学习算法来说，一个好的特征必须是信息丰富且具有判别性的。特征选择技术用于去除不相关、冗余的噪声特征。然后，这些显著特征被输入到机器学习算法中获得数据中的模式。最后，使用评价测度来判断所开发模型的性能，通过可视化技术显示结果和数据。步骤如下：

（1）数据收集。

（2）数据预处理。

（3）特征提取。

（4）特征选择。

（5）机器学习。

（6）评价和可视化。

14.3　数据预处理

要分析数据，首先，必须对数据进行去噪等预处理，并将其转换成合适的格式，以便进一步分析。原始数据大都充满了噪声，若算法直接应用会有一定困难，需要采取一些方法对数据进行净化，使其适合进一步的研究。

14.3.1　处理原始数据

随着时间的推移，收集到的数据也可能与收集到的其他记录不一致。重复项和不完整记录可能造成信息的丢失或隐藏。

　　为了清理数据，抛弃无关和噪声数据，缺失部分或属性的数据可以用合理的估算代替。同样，如果原始数据存在不一致性，则有必要进行检测和纠正。

　　下面来探索一下如何使用 NumPy 和 pandas 进行数据预处理。

14.3.2　缺失的数据

　　如果数据存在缺失值，会造成机器学习算法的性能下降。字段或属性缺少的数据，并非一无是处，可以使用以下几种方法来填充缺失的值。

　　（1）使用全局常量来填充缺失的值。

　　（2）使用数据集中的平均值或中值。

　　（3）人工提供模拟数据。

　　（4）使用平均值或中值来补充缺失的值，依据数据的上下文和敏感性进行选择。

　　代码如下：

```
import numpy as np
data = pandas.DataFrame([
    [4., 45., 984.],
    [np.NAN, np.NAN, 5.],
    [94., 23., 55.],
])
```

　　可以看到，数据元素 data[1][0] 和 data[1][1] 的值为 np.NAN，表示无意义。如果在给定的数据集中不需要 np. NAN 值，可以设置为常量。

　　设置数据元素 np.NAN 为 0.1：

```
print(data.fillna(0.1))
```

　　数据的新状态变为如下：

```
0       1          2
0     4.0    45.0   984.0
1     0.1     0.1     5.0
2    94.0    23.0    55.0
```

　　为了应用平均值，进行以下操作：

```
print(data.fillna(data.mean()))
```

　　计算每一列的均值，并插入这些具有 np.NAN 数值的数据区域：

```
0       1          2
0     4.0    45.0   984.0
1    49.0    34.0     5.0
2    94.0    23.0    55.0
```

　　第 1 列（列号为 0）的平均值为 (4 + 94)/2，结果为 49.0，存储在 data [1][0] 中。对列 1 和列 2 执行类似的操作。

14.3.3 特征缩放

数据矩阵中的列称为其特征，这些行被称为记录或观察。如果一个属性的值比其他属性的值高很多，机器学习算法的性能会下降。因此，需要在有效范围内缩放或规范化属性值。

例如下面的数据矩阵，这些数据将在章节中被引用，所以请注意。

```
data1=([  58.,    1.,   43.],
       [  10.,  200.,   65.],
       [  20.,   75.,    7.])
```

特征 1 的数据为 58、10 和 20，其值在 10 和 58 之间。对于特征 2，数据在 1 到 200 之间。如果将这些数据提供给任何机器学习算法，将会产生不一致的结果。理想情况下，需要将数据扩展到某个范围，以便获得一致的结果。

再次观察发现，每个特征（或列）都位于不同的平均值周围。因此，我们要做的是将特征与相似的方法结合起来。

特征缩放的好处是：改善机器学习的功能，scikit 模块有许多数据缩放算法。

1. 标准化的 Min-max 标量形式

标准化的 Min-max 标量形式使用平均值和标准偏差，将所有数据框在某个最小值和最大值范围内，通常，设置在 0 到 1 之间。虽然可以选择其他区间，但 0 到 1 区间是默认的。代码如下：

```
from sklearn.preprocessing import MinMaxScaler
scaled_values = MinMaxScaler(feature_range=(0,1))
results = scaled_values.fit(data1).transform(data1)
print(results)
```

使用区间 [0,1] 创建 MinMaxScaler 类的实例，并传递给 scaled_values 变量。调用 fit 函数进行必要的计算，这些计算在内部用于更改数据集。transform 函数影响数据集的实际操作，将值返回到结果：

```
[[1.          0.          0.62068966]
 [ 0.          1.          1.         ]
 [ 0.20833333  0.3718593   0.         ]]
```

从上面的输出看到，所有的数据都是规范化的，都位于 0 到 1 之间。这种输出现在可以提供给机器学习算法。

2. 标准的标量

在我们的初始数据集或表中，各自特征的平均值分别为 29.3、92 和 38。为了使所有的数据具有相似的均值，即所有数据的零均值和单位方差，可以采用标准标量算法，代码如下：

```
stand_scalar = preprocessing.StandardScaler().fit(data)
    results = stand_scalar.transform(data)
    print(results)
```

data 被传递给实例化 StandardScaler 类返回的对象 fit 方法，transform 方法作用于数据中的数据元素，并将输出返回给结果：

```
[[ 1.38637564  -1.10805456   0.19519899]
 [-0.93499753   1.31505377   1.11542277]
 [-0.45137812  -0.2069992   -1.31062176]]
```

检查结果发现，所有的特征现在都是均匀分布的。

3. 二值化数据

为了使给定的特征集二值化，可以使用阈值。如果给定数据集内的任何值大于阈值，该值将被替换为 1，如果该值小于阈值，将被替换为 0。考虑以下代码片段，将 50 作为对原始数据进行二进制化的阈值：

```
results = preprocessing.Binarizer(50.0).fit(data).transform(data)
print(results)
```

使用参数 50.0 创建一个 Binalizer 实例，50.0 是将在二值化算法中使用的阈值：

```
[[ 1. 0. 0.]
 [ 0. 1. 1.]
 [ 0. 1. 0.]]
```

数据中小于 50 的所有值的值都为 0，否则，值为 1。

14.4 机器学习

机器学习是人工智能的一个分支。机器学习是一种算法，它可以从示例数据中学习，并据此提供预测方法。机器学习模型从数据示例中学习模式，并使用这些模式对今后的结果进行预测。例如，我们提供许多垃圾邮件和非垃圾邮件的例子，以开发一个机器学习模型，该模型可以学习电子邮件中的模式，并可以将新电子邮件按照模式区分垃圾邮件或非垃圾邮件。

14.4.1 机器学习的类型

机器学习有以下三大类：

（1）**监督学习**：算法被提供一组输入和它们相应的输出。然后，算法必须计算出对于一个看不见的输入，其输出是什么。监督学习算法试图学习输入特征和目标输出中的模式，以这样一种方式，学习的模型可以预测新的不可见数据的输出，分类和回归是其中的两种方法。分类是一个过程，将给定的不可见数据分类为预定义的类集之一，并给出一组与之相关的输入特征和标签。回归与分类非常相似，但有一个例外：回归不仅仅适用于离散数据，还可以有连续的目标值，而不是一组固定的预定义类（名称或分类属性），并且在一个连续的响应中预测新的不可见数据的值。这些算法的例子包括朴素贝叶斯、支持向量机、k- 近邻、线性回归、神经网络和决策树演算法。

（2）**无监督学习**：不使用输入和输出变量之间存在的关系，无监督学习算法只使用输入来学习数据中的模式和簇。无监督算法用于学习给定输入数据中的模式，而不需要与之相关联的标签。聚类问题是使用无监督学习方法解决问题的最流行方法之一，这种方法根据特征之间的相似性将数据点分组在一起，形成组或簇。这类算法的例子包括 k-means 聚类、凝聚聚类和层次聚类。

（3）**强化学习**：这种学习方法与环境动态交互，以提高其性能。

14.4.2 hello 分类器

举一个简单的例子来理解机器学习是如何工作的，从文本分类器的 hello world 示例开始。这个例子可以预测所给文本的内涵是正面的还是负面的。

在这之前，需要用一些数据训练算法（模型）。

朴素贝叶斯模型适用于文本分类。一般基于朴素贝叶斯模型的算法速度快，结果准确，它建立在特征相互独立的假设之上。例如，要准确预测降雨是否发生，需要考虑三个条件：风速、温度和空气中的湿度。事实上，这些因素确实相互影响，以决定降雨与否。但是朴素贝叶斯的抽象是假设这些特征相互是无关的，可以独立地影响降雨的发生，朴素贝叶斯在预测未知数据集的类方面是有用的。

现在，回到 hello 分类器。在训练了模型之后，它的预测将分为正面和负面两类，代码如下：

```
from textblob.classifiers import NaiveBayesClassifier train = [
    ('I love this sandwich.', 'pos'),
    ('This is an amazing shop!', 'pos'),
    ('We feel very good about these beers.', 'pos'),
    ('That is my best sword.', 'pos'),
    ('This is an awesome post', 'pos'),
    ('I do not like this cafe', 'neg'),
    ('I am tired of this bed.', 'neg'),
    ("I can't deal with this", 'neg'),
    ('She is my sworn enemy!', 'neg'),
    ('I never had a caring mom.', 'neg')
]
```

首先，从 textblob 包导入 NaiveBayesClassifier 类，该分类器基于贝叶斯定理，易于使用。

训练变量由元组组成，每个元组保存实际的训练数据，包含句子及其关联的组。现在，为了训练模型，将通过传递 train 来实例化一个 NaiveBayesClassifier 对象：

```
cl = NaiveBayesClassifier(train)
```

更新后的朴素贝叶斯模型 cl 将预测未知句子所属的类别。到目前为止，模型只知道一个短语可以属于两个类别：正面和负面。

使用模型运行测试代码如下：

```
print(cl.classify("I just love breakfast"))
```

```
print(cl.classify("Yesterday was Sunday"))
print(cl.classify("Why can't he pay my bills"))
print(cl.classify("They want to kill the president of Bantu"))
```

测试输出：

```
pos
pos
neg
neg
```

可以看到，该算法能够正确地将输入的短语进行分类。

这个人为设计的例子过于简单，但它确实展示了这样一种前景：如果给定适当数量的数据和合适的算法或模型，机器有可能在没有任何人工参与的情况下完成任务。

在下一个示例中，将使用 scikit 模块来预测短语可能属于的类别。

14.4.3 监督学习

考虑一个文本分类问题的例子，这个问题可以使用监督学习方法来解决。文本分类问题是当我们拥有一组与固定数量的类别相关的文档时，将一个新文档分类为预先定义的文档类别集之一。与机器学习一样，需要首先训练模型，以便准确预测未知文档的类别。

1. 收集数据

scikit 模块带有样本数据，可以使用它们来训练机器学习模型。本例中，将使用新闻组文档，该文档有 20 个文档类别。实现加载文档的代码如下：

```
from sklearn.datasets import fetch_20newsgroups
training_data = fetch_20newsgroups(subset='train', categories=categories,
shuffle=True, random_state=42)
```

这里只选取四类文档来训练模型，训练好模型后，预测结果将属于以下类别之一：

```
categories = ['alt.atheism',
              'soc.religion.christian','comp.graphics', 'sci.med']
```

通过以下方式处理记录总数，获得训练数据：

```
print(len(training_data))
```

机器学习算法不直接对文本属性操作，所以每个文档所属类别的名称用数字表示（如 alt.atheism 用 0 表示），使用以下代码行：

```
print(set(training_data.target))
```

类别有整数值，可以用这些值映射回类别本身：

```
print(training_data.target_names[0])
```

这里，0 是从集合 set(training_data.target) 中取的一个数字随机索引。

既然已经获得训练数据，必须将数据输入机器学习算法。词袋模型（Bag of Words,Bow）是一种将文本文档转换为特征向量的方法，以便将文本转换为可以应用学习算法或模型的形式。此外，这些特征向量将用于训练机器学习模型。

词袋模型是一种用于表示文本数据的模型，它不考虑单词的顺序，而是使用单词计数。考虑一个示例来理解如何使用词袋模型方法表示文本。看下面两个句子：

```
sentence_1 = "as fit as a fiddle"
sentence_2 = "as you like it"
```

词袋模型能够将文本分解为由矩阵表示的数字特征向量。

为了使用词袋模型有效缩减两个句子，需要获得所有单词的唯一列表：

```
set((sentence_1 + sentence_2).split(" "))
```

这个集合将成为矩阵中的列，在机器学习术语中称为特征。矩阵中的行将表示用于训练的文档。行和列的交集存储该单词在文档中出现的次数。以前面的两句话为例，得到的矩阵如表14-1所列。

表14-1 矩阵

	as	fit	a	fiddle	you	like	it
Sentence 1	2	1	1	1	0	0	0
Sentence 2	1	0	0	0	1	1	1

数据中通常有许多对文本分类不重要的特征。停止词可以被删除，以确保只分析相关数据，停止词包括 is、am、are、was 等。由于词袋模型并不包括语法分析，所以可以安全地删除停止词。

为了生成矩阵列的值，必须标记训练数据：

```
from sklearn.feature_extraction.text import CountVectorizer
from sklearn.feature_extraction.text import TfidfTransformer
from sklearn.naive_bayes import MultinomialNB
count_vect = CountVectorizer()
training_matrix = count_vect.fit_transform(training_data.data)
```

对于本例中使用的四类数据，training_matrix 的维数为 2257 × 235788。这意味着，2257 对应于文档总数，而 35788 对应于列数，列数是所有文档中唯一单词集的特征总数。

我们实例化 CountVectorizer 类，并传递 training_data.data 到 count_vect 对象的 fit_transform 方法。结果存储在 training_matrix 中，training_matrix 中保存了所有唯一的单词和各自的频率。

有时，频率计数在文本分类问题中表现不佳，可以使用术语频率逆文档频率（TF-IDF）加权方法来表示特征。

这里，将导入 TfidfTransformer，它有助于在数据中分配每个特征的权重：

```
matrix_transformer = TfidfTransformer()
tfidf_data = matrix_transformer.fit_transform(training_matrix)
print(tfidf_data[1:4].todense())
```

tfidf_data[1∶4].todense() 只显示了一个被 35788 列矩阵截断的三行列表，所看到的值是 TF-IDF。与使用频率计数相比，这是一种更好的表示方法。

一旦提取了特征并以表格形式表示出来，就可以应用机器学习算法进行训练。有很多监督学习算法，接下来了解一个训练文本分类器模型的朴素贝叶斯算法的例子。

朴素贝叶斯算法是一种基于贝叶斯定理的简单分类算法。它是一种基于概率的学习算法，通过使用特征/词/词的词频来构建一个模型，用于计算归属概率。朴素贝叶斯算法将给定的文档分类到预定义的类别中，在这些类别中，观察新文档中的哪些单词的概率最大。朴素贝叶斯算法的工作原理如下：首先，对所有训练文档进行处理，提取文本中出现的所有单词的词汇，然后计算它们在不同目标类中的频率，以获得它们出现的概率。接下来，将一个新文档分类在类别中，该类别具有最大的归属于该特定类别的概率。朴素贝叶斯分类器基于单词出现的概率与文本中的位置无关的假设，多项式朴素贝叶斯可以使用 scikit 库中的 MultinomialNB 函数实现，如下所示：

```
model = MultinomialNB().fit(tfidf_data, training_data.target)
```

MultinomialNB 是朴素贝叶斯模型的一种变体，拟合时，采用了合适的数据矩阵 tfidf_data、种类和 training_data.target 参数。

2. 预测

为了学习训练过的模型预测未知文档的类别的过程，通过一些示例测试数据来评估模型：

```
test_data = ["My God is good", "Arm chip set will rival intel"]
test_counts = count_vect.transform(test_data)
new_tfidf = matrix_transformer.transform(test_counts)
```

test_data 列表被传递给 count_vect.transform，得到矢量化形式的测试数据。为了获得测试数据集的 TF-IDF 表示，调用 matrix_transformer 对象的 transform 方法，当将新的测试数据传递给机器学习模型时，必须以与准备训练数据相同的方式处理数据。

为了预测文档所属类别，使用如下预测函数：

```
prediction = model.predict(new_tfidf)
```

这个循环可以用来迭代预测，显示预测它们所属的类别：

```
for doc, category in zip(test_data, prediction):
    print('%r => %s' % (doc, training_data.target_names[category]))
```

当循环运行结束时，将显示短语及其所属的类别。输出示例如下：

```
'My God is good' => soc.religion.christian
'Arm chip set will rival intel' => comp.graphics
```

到目前为止，看到的都是监督学习的例子。从加载已经知道类别的文档开始，然后，根据朴素贝叶斯定理，将这些文档输入最适合文本处理的机器学习算法。向模型提供一组测试文档，并预测类别。

为了探讨无监督学习算法，将介绍聚类一些数据的 k-means 算法例子。

14.4.4 无监督学习

无监督学习算法能够发现数据中可能存在的固有模式，并将它们聚在一起，这个聚类中的数据点非常相似，而两个不同聚类中的数据点在本质上有差异。这些算法的一个例子是 k-means 算法。

1.k-means 算法

k-means 算法使用给定数据集中的均值点来聚类和发现数据集中的组。k 是我们想要并希望发现的簇的数量，在 k-means 算法生成分组 / 簇后，可以将未知的数据传递给这个模型，来预测新数据应该属于哪个簇。

注意，在这种算法中，只有未分类的原始数据被提供给算法，而没有任何与数据相关的标签，这有利于算法发现数据中是否有关联数据。

k-means 算法根据所提供特征之间的相似性，迭代地将数据点分配给聚类。k-means 聚类使用均值点对 k 个聚类 / 组中的数据点进行分组。它的工作原理如下：首先，创建 k 个非空集合，并计算数据点到聚类中心的距离；然后，将数据点分配给距离最小的集群；最后，重新计算集群点，重复循环迭代，直到所有数据都聚集在一起。

为了理解这个算法是如何工作的，让我们检查由 x 和 y 值组成的 100 个数据点（假设有两个属性）。把这些值提供给学习算法，并期望算法将数据聚为两组，并给这两个组数据着色，这样就可以明显看到不同的集群。

创建一个包含 100 条 x 和 y 对记录的示例数据：

```
import numpy as np
import matplotlib.pyplot as plt
original_set = -2 * np.random.rand(100, 2)
second_set = 1 + 2 * np.random.rand(50, 2)
original_set[50: 100, :] = second_set
```

首先，用 –2 * np.random.rand(100, 2) 创建 100 条记录，并使用其中的数据来表示最终绘制的 x 和 y 值。original_set 中的最后 50 个数字将被 1+2*np.random.rand(50, 2) 取代。实际上，就是要创建两个数据子集，一组为负，另一组为正。该算法的任务是适当地发现这些片段。

我们实例化 KMeans 算法类，并将其传递给 n_clusters=2，算法将所有数据聚为两组。在 k-means 算法中，需要事先知道簇的数量。使用 scikit 库的 k-means 算法实现如下：

```
from sklearn.cluster import KMeans
kmean = KMeans(n_clusters=2)
kmean.fit(original_set)
print(kmean.cluster_centers_)
print(kmean.labels_)
```

数据集被传递给 kmean.fit(original_set) 的 fit 函数，算法生成的簇将围绕某个中心点旋转。由 kmean.cluster_centers_ 获得所定义的这两个平均点。

输出的平均点如下：

```
[[ 2.03838197  2.06567568]
 [-0.89358725 -0.84121101]]
```

在 k-means 算法训练完成后，original_set 中的每个数据点都属于一个簇，k-means 算法将发现的两个簇表示为 1 和 0。如果要求算法将数据聚为 4 个，这些聚类的内部表示将是 0、1、2 和

3。要输出每个数据集所属的各种集群，执行以下操作：

```
print(kmean.labels_)
```

这将给出以下输出：

```
[1 1 1 1 1 1 1 1 1 1 1 1 1 1 1 1 1 1 1 1 1 1 1 1 1 1 1 1 1 1 1 1 1
 1 1 1 1 1 1 1 1 1 1 1 1 1 0 0 0 0 0 0 0 0 0 0 0 0 0 0 0 0 0 0
 0 0 0 0 0 0 0 0 0 0 0 0 0 0 0 0 0 0 0 0 0 0 0 0]
```

一共有 100 个 1 和 0，每个都显示了每个数据点所属的集群。通过使用 matplotlib、pyplot，可以用图表表示每个组的点，并适当地用颜色区别表示不同的集群：

```
import matplotlib.pyplot as plt
for i in set(kmean.labels_):
    index = kmean.labels_ == i
    plt.plot(original_set[index,0], original_set[index,1], 'o')
```

index = kmean. labels_ == i 是一种很好的方法，可以选择组 i 对应所有的点。当 i=0 时，属于组 0 的所有点都返回到变量 index，对于 index = 1，2，等等，也是一样的。

plt.plot(original_set[index,0], original_set[index,1], 'o')，然后，用 o 符号绘制这些数据点。

下一步，绘制聚类所围绕的质心或平均值：

```
plt.plot(kmean.cluster_centers_[0][0],kmean.cluster_centers_[0][1], '*',
        c='r', ms=10)
plt.plot(kmean.cluster_centers_[1][0],kmean.cluster_centers_[1][1], '*',
        c='r', ms=10)
```

最后，用代码片段 plt.show() 显示了红色五角星标注的散点图，如图 14-1 所示。

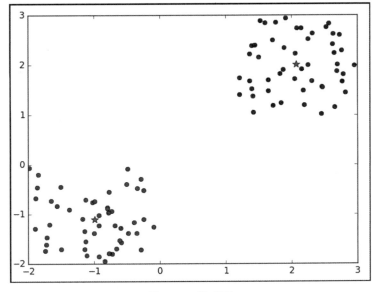

图14-1　散点图

该算法在样本数据中发现两个不同的簇。

2. 预测

通过获得的两个簇，可以预测一组新数据可能属于哪个组。预测一下 [[-1.4,-1.4]] 和 [[2.5,2.5]] 分别属于哪一组：

```
sample = np.array([[-1.4, -1.4]])
print(kmean.predict(sample))
another_sample = np.array([[2.5, 2.5]])
print(kmean.predict(another_sample))
```

输出信息如下：

```
[1]
[0]
```

在这里，两个测试样本被分配到两个不同的集群。

14.5 数据可视化

数值分析有时并不那么容易理解。本节中，将展示一些可视化数据和结果的方法。图像提供了一种快速分析数据的方法，大小和长度上的差异是图像中的快速标记，可以据此得出结论。除了这里列出的图表之外，在处理数据时还可以实现更多的功能。

14.5.1 柱状图

为了将值 25、5、150 和 100 绘制成柱状图，把这些值存储在数组中，并将其传递给 bar 函数。图中的柱状条表示沿 y 轴的大小，方法如下：

```
import matplotlib.pyplot as plt
    data = [25., 5., 150., 100.]
    x_values = range(len(data))
    plt.bar(x_values, data)
    plt.show()
```

x_values 存储由 range(len(data)) 生成的值数组。此外，x_values 将决定 x 轴上绘制这些柱状条的点。第一个柱状条将画在 x 轴坐标 x=0 位置，第二个带有数据 5 的柱状条将绘制在 x 轴坐标 x=1 的位置，如图 14-2 所示。

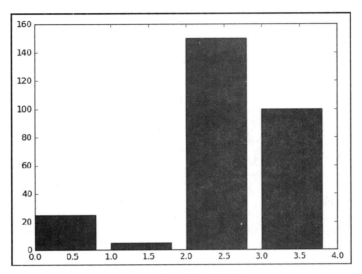

图14-2 柱状条位置示意图

每个柱状条的宽度可以通过修改下面数值更改：

```
plt.bar(x_values, data, width=1.)
```

生成如图 14-3 所示的柱状图。

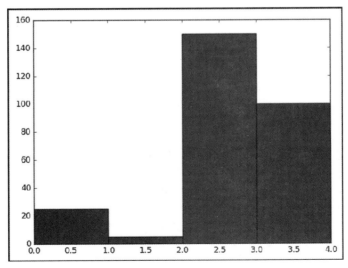

图14-3 柱状条宽度修改后的示意图

然而，这在视觉上并不吸引人，因为柱状条之间没有空间，看起来比较笨拙。在 x 轴上，每个柱状条占据一个距离单位。

14.5.2　多种柱形图

在进行数据可视化时，大量的柱状图堆叠起来，可以清晰地体现数据或变量之间的差异：

```
data = [
        [8., 57., 22., 10.],
        [16., 7., 32., 40.],
        ]
import numpy as np
x_values = np.arange(4)
plt.bar(x_values + 0.00, data[0], color='r', width=0.30)
plt.bar(x_values + 0.30, data[1], color='y', width=0.30)
plt.show()
```

第一批数据的 y 值为 [8. ,57. , 22. , 10.]，第二批是 [16. , 7. , 32. , 40.]，当这些条被绘制出来时，8 和 16 将并列占据相同的 x 位置。

x_values = np.arange(4) 生成值为 [0,1,2,3] 的数组。首先在 x_values + 0.30 位置绘制第一组柱状图。因此，第一批 x_values 将绘制在 0.00、1.00、2.00 和 3.00 处。

第二批 x_values 将绘制在 0.30、1.30、2.30 和 3.30 处，如图 14-4 所示。

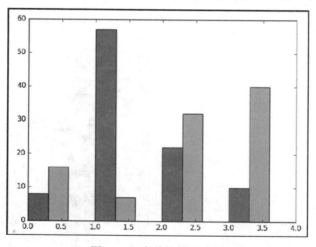

图 14-4　多种柱状图绘制

14.5.3　箱线图

箱线图用于可视化一个分布的中值和低、高范围，也被称为盒子图。画一个简单的方框图，从正态分布中产生 50 个数，然后传递给 plt.boxplot(data) 以进行图表绘制。将 numpy 作为 np 导入：

```
import numpy as np
import matplotlib.pyplot as plt
data = np.random.randn(50)
plt.boxplot(data)
plt.show()
```

产生的箱线图如图 14-5 所示。

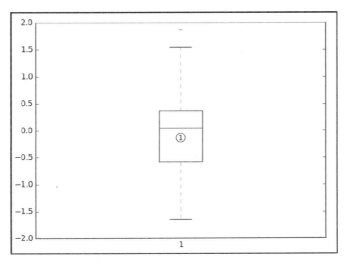

图 14-5　箱线图

箱线图的特征包括跨越四分位数范围的箱线，度量了数据离散度，数据的外部边缘由附着在中心框上的须表示，图 14-5 中标①的线代表中间值。

箱线图可以方便地识别数据集中的异常值，以及确定数据集可能向哪个方向倾斜。

14.5.4　饼状图

饼状图解释并直观地表示数据，就像一个圆一样。单个数据点被表示为一个圆的扇区，其总和为 360°。这个图表也适用于显示数据分类和摘要：

```
import matplotlib.pyplot as plt
data = [500, 200, 250]
labels = ["Agriculture", "Aide", "News"]
plt.pie(data, labels=labels,autopct='%1.1f%%')
plt.show()
```

扇区用 labels 数组中的字符串标记，如图 14-6 所示。

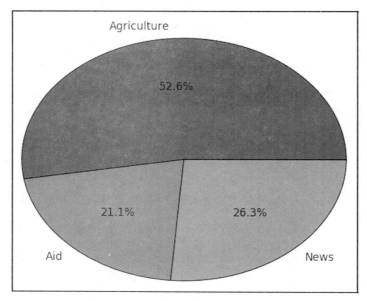

图14-6   labels数组中的字符串标记扇区

14.5.5   气泡图

散点图的另一种变体是气泡图。在散点图中，只画数据的 x 和 y 点。在气泡图中，通过说明点的大小增加了另一个维度。这第三个维度可能代表市场规模，甚至利润，代码如下：

```python
import numpy as np
import matplotlib.pyplot as plt
n = 10
x = np.random.rand(n)
y = np.random.rand(n)
colors = np.random.rand(n)
area = np.pi * (60 * np.random.rand(n))**2
plt.scatter(x, y, s=area, c=colors, alpha=0.5)
plt.show()
```

对于 n 变量，指定随机生成的 x 和 y 值的数量。这个相同的数字用于确定 x 和 y 坐标的随机颜色。随机的气泡大小由 area= np.pi * (60 * np.random.rand(n))**2 决定。

气泡图如图 14-7 所示。

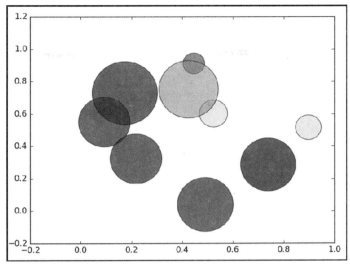

图14-7 气泡图

14.6 小 结

本章中，我们介绍了数据和算法在机器学习的作用。首先，通过数据清理技术、扩展和标准化过程来修剪采集的数据，才能使大量数据有意义。将这些数据提供给专门的学习算法，根据算法从数据中学习并获得知识模式，用于预测未见数据的类别。还介绍了机器学习算法的其他基础知识。

我们用朴素贝叶斯和 k-means 聚类算法详细解释了有监督和无监督机器学习算法，基于 Python 的 scikit-learn 机器学习库，还提供了这些算法的实现使用。最后，介绍了一些重要的可视化技术，将凝练的数据绘制成图表，有助于更好地理解数据并进行深刻的发现。

希望读者在学习这本书时可以有一个很好的体验，并且还希望这本书可以对读者未来使用数据结构和 Python 3.7 有所帮助！